Karen博士

21個海

龜龜也懂的STEM自主學習

作・麥嘉慧　　圖・文浩基

獻給我的家人和丈夫。

Turkey
細龜
大龜

來吧，跟我一起
探索海洋的奧祕！

Dr.Karen

推薦序1

我第一次見到麥嘉慧博士是 2015 年，當時她首次被任命為香港大學理學院的講師。從那時起，她對科學教育的熱情和對職責的奉獻給我留下了深刻的印象。她是教授我們新的科學基礎和共同核心課程的團隊的重要成員。多年來，作為一名敬業和關心學生的老師，她贏得了我的尊重和信任。

Karen 在她的空餘時間曾傾力為香港電台準備科學節目「五夜講場 - 真係好科學」，簡單明白地講述我們日常生活接觸到的科學，讓科學變得有趣。科學不是抽象的東西，而是與我們息息相關。掌握科學思維方式是現代公民的基本要素。她的新書《Karen博士21個海洋大探索》用淺白的文字介紹海洋科學最新發展，是一本向年輕人介紹海洋科學的好書。

郭新

前香港大學理學院院長，太空科學講座教授

推薦序2

我喜歡海多於山。

我最喜歡的迪士尼公主是小魚仙。

讀書時期，在校外活動經常被問到的一條問題是：「如果要找一個地方代表自己，你會是甚麼？」我的標準答案：海。

所有這些問題的答案都與海有關，回答海洋的原因是因為覺得海可以很安靜，也可以怒吼；可以很繽紛多彩，也可以恬靜怡人！

來到大學時候，因應科學學分的需求，從課表中看到有一門「Oceanography」（海洋學），就想說或許是時候真正了解我喜歡的海洋，就因此發現它的多樣性及包容性是無人能及的，說水底是另一個世界實在有過之而無不及！在短短的 10 個星期裡面，深度遊歷了海的一切 —— 從最簡單的海洋地理，到最後學習海洋生物的種類等，每一堂課都是「坐船出海」的一個學習旅程，實在大開眼界啊！

閱讀 Dr. Karen 的《Karen博士21個海洋大探索》就猶如帶我返回「坐船出海」上課的感覺！每一章節都深入淺白的向讀者們娓娓道來有關於海的故事及科學知識，最後更讓讀者們可以動手製作自己的潛水工具，絕對是又有得玩又有得學啊！

海洋世界之大，海之深，海之廣實在令人讚嘆不已！當中的寶藏依然等待我們去了解及保護。

讓我們在 Dr. Karen 的導賞下一起到海底探索吧！

李衍蒨

法醫人類學家

推薦序3

感謝 Dr. Karen 邀請我為她的新書《Karen博士21個海洋大探索》寫序。

常感恩在生命裡可以認識有熱誠的人，Dr. Karen 是其中之一。我們在港台的教育節目合作，每次我知道該集嘉賓是 Dr. Karen，我便會滿心期待，因為她總會為節目準備充滿驚喜的實驗，深入淺出地讓學生明瞭科學理論。

在合作過程我看到一位博士如何為她喜愛的科學花盡時間心思，正如此新書一樣，Dr. Karen 為海洋度身訂造了 21 課，讓兒童學習佔了地球表面積七成的海裡面包含的廣闊知識。

杰寧

主持 / 心理輔導師 / 心理學客席講師

自序

「我們就像汪洋中的島嶼，海面上看來像零散的孤島，在深海裡卻緊緊相連。」

— 威廉占士 (William James)

海洋真的很遼闊，與它有關的科學知識領域亦然。因此，在這本書有限的篇幅內我篩選自己最感興趣的題目與大家分享。當中有部分章節加插 QR code 連結到其他網頁和短片，希望這些延伸閱讀和參考資料能夠滿足 (或激發起) 你的好奇心。

感謝宇宙級男神余海峯撮合我與文 Sir 合作，推出這本兒童圖書。

麥嘉慧 Karen

2022 年 4 月 18 日於香港

目錄

認識海洋

奇怪的海洋生物

探索海底

海洋的未來

認識海洋

01 鹽來如此

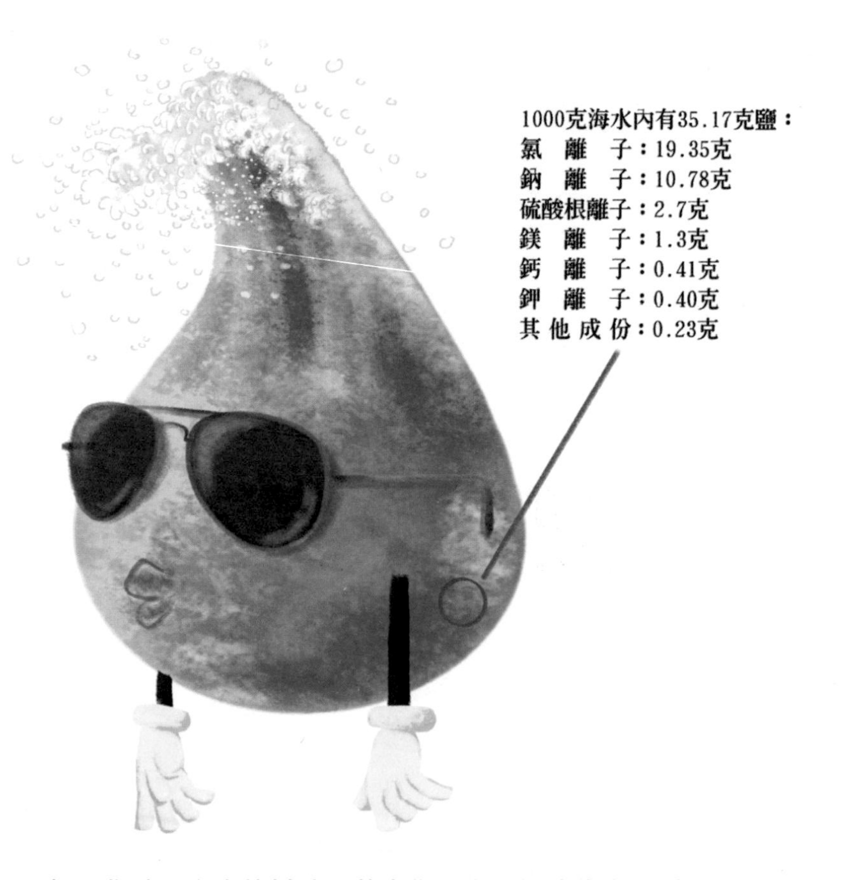

如果你嚐過海水的鹹味，恭喜你，你已經成為海洋科學家了！

海水跟家裡水龍頭出來的自來水有很大的分別，是因為海水中含有很大量的鹽。海水的平均鹽度為百分之三點五，即是如果把 100 克的海水加熱讓所有水蒸發掉，會剩下 3.5 克重，原本溶解在海水中的鹽和礦物。用化學分析方法，我們知道除了最主要的氯和鈉之外，海水中還含有硫、鎂、鈣、鉀、碳、溴、硼、鍶，和其他微量元素。

你必定想知道那些鹽是從哪裡來，那得由從天而降的雨水說起。雨水並不是純水，因為大氣中少量的二氧化碳和二氧化硫會溶解在雨水中，產生十分低濃度的碳酸和硫酸。所以，實際上雨水是帶非常弱酸性的。當雨水降落到地上，這種弱酸會侵蝕岩石，並溶解當中的礦物質，包括鈉和氯。雨水從陸地流入溪流，溪流匯聚成大小河流，河水最終會流進大海，雨水就是這樣將溶解的礦物鹽離子帶到海洋。但是，為什麼河水不像海水那麼鹹呢？其實河水的含鹽量非常低，只是海水的大約三百分之一。而海洋中的鹽份是經過數十億年的積累與沉積，水從海洋蒸發留下礦物質，水分子隨着水循環[1]又會再次成為天上的雲和雨，當雨水降下便繼續把陸地的鹽與礦物累積到海洋。不過，海水不會無止境地變得更鹹，因為海洋中的生物會吸收礦物質，例如貝殼類生物會吸收海水中的鈣離子去製造貝殼[2]，海洋生物死亡後貝殼沉積在海底，礦物質繼續貯存於貝殼之中。現在的海洋鹽度便是海洋本身跟環境和生物之間的互動，經歷很長時間所達至的一種平衡。

各種礦物質除了會經河流由陸地流入大海外，另一個來源還有海底熱泉[3]。原來在海底火山活動頻發地帶周圍，海床的岩石間有很多裂縫噴發口。地熱會令裂縫內的海水加熱，而熱能會引起化學反應，令岩石中的鐵、鋅和銅等金屬溶解在水中，並從海底裂縫噴出。與此同時，海水亦從噴發口周圍的裂縫滲入再次加熱，使熱泉地帶內的礦物質釋放循環不息。

海水的鹽度會隨着地理環境、降雨量和季節不同而有些微變動。在溫暖的熱帶地區，因為蒸發較多，所以那裡的海水較鹹。在北極和南極的冰凍地區，在陸上融化的冰川水流出海洋稀釋了海水，所以那裡的海水沒有那麼鹹[4]。

地球表面約有三分之二被水覆蓋，其中 97% 是很鹹的海水，只有 3% 的水是淡水。淡水當中有 2% 的水是因為寒冷環境而凝結成冰，例如冰川和凍土等；而貯存在河流和湖泊中，相對乾淨和較容易獲得的液態淡水，則只有不到 1%，所以在地球上可以安全飲用，而又容易獲得的食水資源其實十分珍貴。

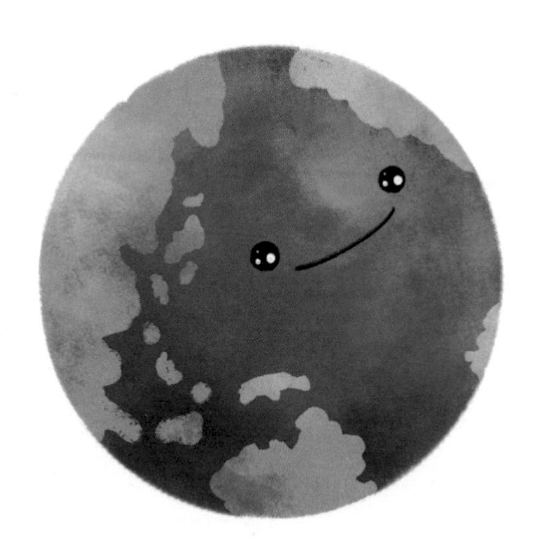

大氣中少量的二氧化碳和二氧化硫會溶解在雨水中。

2.雨水含低濃度碳酸及硫酸。

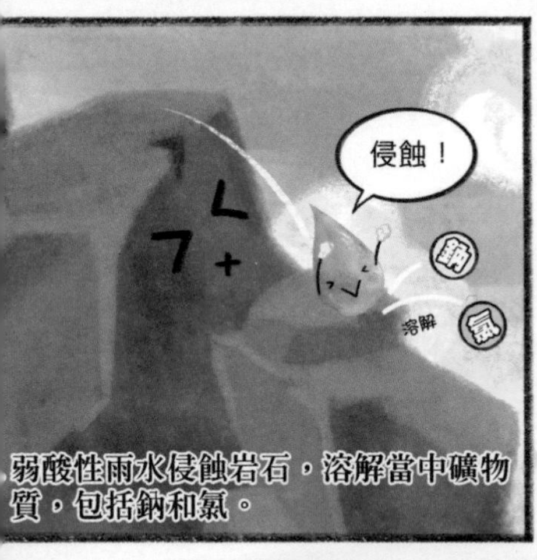

弱酸性雨水侵蝕岩石，溶解當中礦物質，包括鈉和氯。

4.雨水帶有礦物鹽離子。

5.雨水將溶解的礦物鹽離子帶往海洋。

海洋化學初體驗

究竟海水有多鹹？依 3.5% 這個比例，你可以在家裡調配一杯模擬海水鹽度的溶液：把兩茶匙（8 克多一點）食鹽加到 250 毫升的清水中，用茶匙攪拌至所有鹽完全溶解。然後，你便可以淺嚐一口「模擬海水」了。

[1] 水循環即是水在地球上的循環過程，例如液態水吸收太陽的熱能蒸發成水蒸汽，水蒸汽於大氣中遇冷再凝結成雨水，降落回地球表面。

[2] 貝殼的主要成份是碳酸鈣，俗稱灰石。

[3] 海底熱泉見第 15 篇《超愛浸溫泉的生物》。

[4] 到這裏看 NASA 的海面鹽度地圖：

02 藍地星

如果有人告訴你，海洋的藍色是源於水面反射了藍色的天空，雖然這說法正確，但卻並非海水呈現藍色的主要原因。你可以回答他：水本身是藍色的！

一杯清水是透明沒有顏色，但為什麼海洋卻是藍色的呢？

白光是由紅色到紫色不同的可見光組成。陽光照射到水中時，光譜中偏紅的色光（紅、橙和黃光等）會被水分子吸收，剩下的藍光則沒有被吸收。亦即是說，海洋呈現藍色主要因為海水吸收了藍色以外的光，而不是反射光。

一小杯清水看起來是無色透明，似乎會讓所有顏色穿過，但實際上藍光比紅光多一點，只是因為差別太少，所以我們的眼睛察覺不到。同樣，當我們走到海邊觀察，在淺水的位置看不到藍色，是因為水分子吸收的紅光比較少，所以絕大部份的顏色都能夠到達海底反射。你亦可以到游泳池觀察一下，看看泳池中較深水的位置是否呈現藍色。

愈深水的地方，水分子吸收的光就愈多，到了水平面以下大約 100 米，絕大部份偏紅色的光都被吸收了，所以海水便呈現深藍色。不過，水分子和水中其他物質也會吸收一些藍光，因此在水面大約 1 公里以下便是完全漆黑的。一些海洋動物甚至利用這一點而演化成紅色的身體。牠們絕不可以是藍色，因為深水位置仍有藍色的光到達，藍色的身體反射藍光便會很容易被獵食者發現，會十分危險啊！但是紅色的身體則不會有紅光被反射，亦即是說，深海生物表面紅色的皮膚或鱗片在深海中看起來是黑色的，這能讓牠們更容易躲避獵食者。

通常只在晴朗的天氣下，沒有污染的清澈海水才會呈現藍色，而且海洋的顏色還取決於其他因素。因為海水中不只有水和溶解在其中的鹽，還有許多懸浮的大小顆粒，例如泥沙和各種浮游生物。在大河口附近，許多時候看起來都是渾濁的黃褐色，因為水流會把海床的沙子攪動起來。我們較多機會見到藍綠色以至灰綠色的海水，是因為海中的藻類和浮游植物含有葉綠素，它們會吸收紅光和藍光，反射綠光。一般來說，水中浮游植物愈多，海水便愈綠。

從太空遙望藍地球，你會發現它有一半以上的表面都被海洋覆蓋着，似乎「地球」這名字並不太匹配這個沒有太多「地」的藍色行星！但是水星這名字已經被另一個星球用了，那我們唯有繼續叫它做「地球」吧。

03 海洋的「鮮氣」

你赤腳踏着被浪潮打濕的沙子，眼睛透過墨鏡觀賞藍綠色的大海，嘴裡還留著嬉水時無意中嚐到的海水鹹味。這時一陣海風吹來，你靈敏的鼻子探測到海洋特有的淡香。身為一位海洋科學家，雖然你正享受着這風和日麗令人心情舒暢的沙灘漫步，但同時在你腦中亦正思考着為什麼海風會散發出這種令人愉悅的海洋氣味呢？

如果要用一種食物來描述海洋的氣味，你會選擇海膽、生蠔、紫菜，還是其他更有「海味」的例子呢？有時在海灘嗅到的氣味不一定令人心曠神怡。通常在潮退時，或是一些被浪潮沖上岸的一大堆海藻和死了的海洋生物，我們好大機會嗅到怪怪的，甚至是刺鼻的氣味。其實不論是清香的紫菜，還是鹹腥的死魚，這些我們會在海邊感受到的特別氣味都與浮游植物有關。

在陽光能夠穿透的海洋表層中漂浮著微小的浮游植物，牠們會產生一種英文簡稱做 DMSP[1] 的物質。這種有機化合物可以保護浮游植物免受過多的紫外線輻射，還會幫助細胞內的水分平衡。而浮游植物是浮游動物[2]的食物，它們咀嚼浮游植物，使細胞內的 DMSP 釋放到水中。這個化學物質又成為細菌的食物，過程中細菌把 DMSP 分解以獲取能量，並產生更細小、氣味芬芳的 DMS[3] 分子。如果你打開一包紫菜零食，就會知道 DMS 的香味。

DMS 就是海洋氣味中的主要物質，這個化學名字中的「S」意味着它含有元素硫。但是，有些硫化合物的氣味卻很刺鼻，例如臭雞蛋味是源自硫化氫。而在某些地方亦因為水中的浮游植物和藻類生長得太活躍而發出又鹹又刺鼻的強烈難聞氣味。

海洋的氣味 —— DMS 對各種依靠海洋而生的動物都很重要，例如海鷗、海豹以至鯨鯊，牠們靠探測 DMS 的氣味來追踪獵物，因為這個獨特的氣味意味著那裡富含浮游生物，而以它為食物的小魚又會被大魚吃，浮游植物就這樣支撐着海洋中的食物網。除了尋找食物外，一些海鳥和海中動物亦會靠海洋的氣味去幫助判斷歸巢的方向。

實際上海洋的氣味還有一個極為重要的功能，它會影響海洋上空雲的形成，從而影響地球的氣候。由於 DMS 是一種揮發性氣體，所以很快會從海水進入大氣中。DMS 在空氣中進行一系列化學反應，產生硫化合物氣霧[4]。這些氣霧讓大氣中的水蒸氣凝結並聚集成雲。雲對氣候影響非常巨大，比如，像棉花糖般蓬鬆的白雲能夠將陽光反射回太空，有助保持地球涼爽。與此同時，浮游植物藉著光合作用把大氣中的二氧化碳去除，減少大氣中的溫室氣體，亦有助地球降溫。因此，我們可以說這些微小得肉眼看不見的浮游植物是地球的氣候調節器。它們大量繁殖便會產生更多的 DMS，結果大氣中便有更多的雲，便可以反射更多的陽光和熱力了。

[1] 二甲基巯基丙酸（Dimethylsulfoniopropionate），是海洋細菌硫和碳的主要營養來源。

[2] 浮游動物（Zooplankton）是漂浮在水中的微型浮游生物，它們會以浮游植物或其他的較細小浮游動物為食物。

[3] 二甲硫醚（Dimethyl sulfide），是一種無色揮發性液體，通常在蛋白質分解時產生。

[4] 氣霧（Aerosol）又稱氣溶膠，通常是指直徑小於1微米（0.0001 厘米）的液體或固體顆粒。

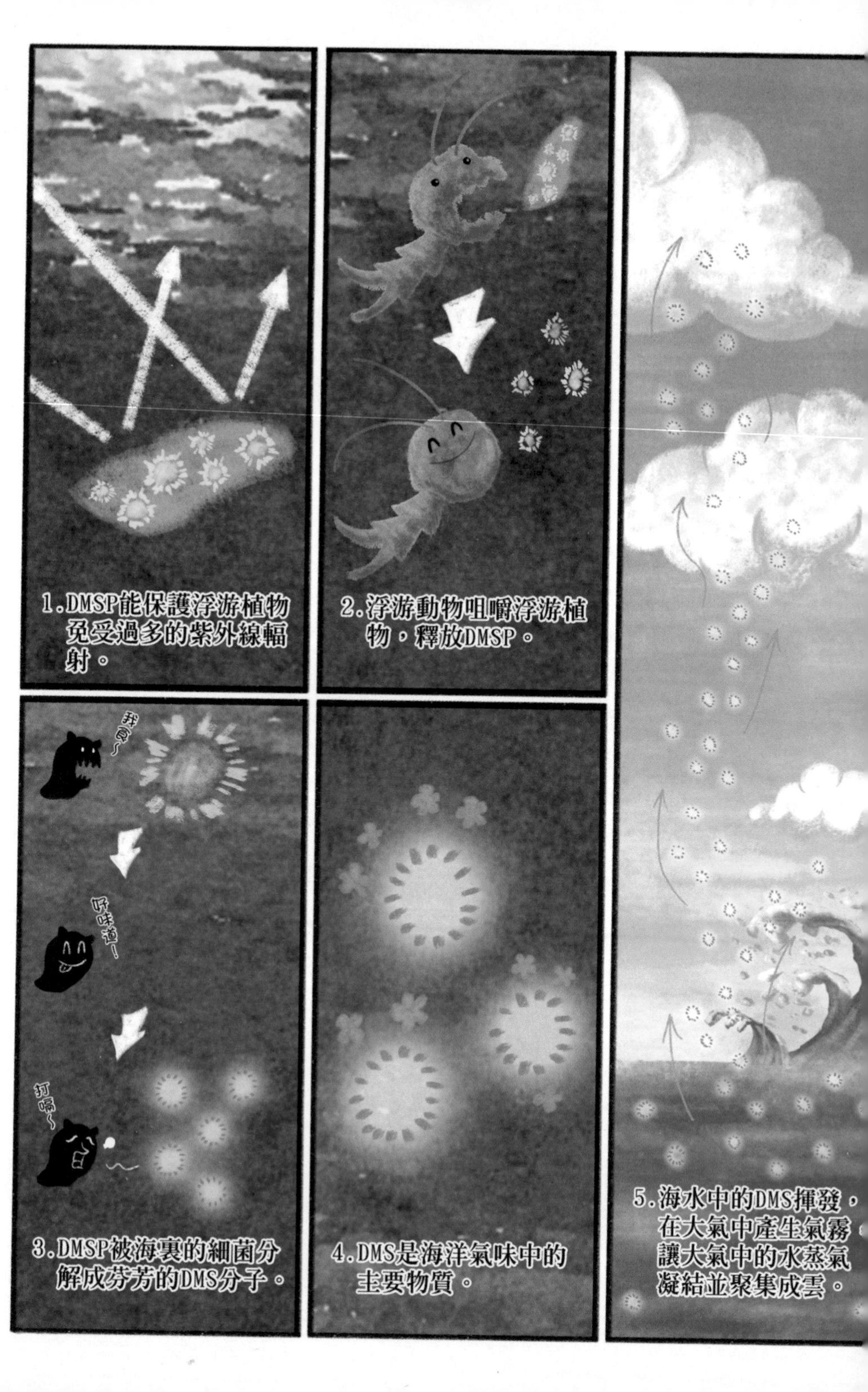
1.DMSP能保護浮游植物免受過多的紫外線輻射。
2.浮游動物咀嚼浮游植物，釋放DMSP。
我食~
好味道!
打嗝~
3.DMSP被海裏的細菌分解成芬芳的DMS分子。
4.DMS是海洋氣味中的主要物質。
5.海水中的DMS揮發，在大氣中產生氣霧，讓大氣中的水蒸氣凝結並聚集成雲。

單細胞怪物

如果人類的皮膚上含有葉綠素，肚餓時就不用叫外賣，只需在陽光下待一會便「曬飽」，你會覺得這種生存方法很方便，還是因為不用進食而變得枯燥「乏味」呢？或者用另一角個度去看：何不在享受美食的同時，透過攝取蔬菜的葉綠素獲得光合作用的能力。這樣，每逢月尾可以靠曬太陽來省點飯錢也不錯啊！

地球上有些生命是植物但也像動物，例如豬籠草。因為這種植物多生長在比較貧瘠的濕地，所以它需要捕食昆蟲以補充不足的養分。

漂浮在海洋中微型的單細胞生物種類繁多，以往它們通常被分為兩類：浮游動物和浮游植物。浮游植物的體型十分微小，細胞寬度只有不到人類頭髮的十分之一。可是它們在地球上的功能絕不能被小看：幫助清除大氣中的二氧化碳，產生其他生命需要的氧氣。它們利用陽光進行光合作用生長，是海洋食物網的基礎。然而，新的研究發現，原來浮游植物和浮游動物之間還有許多「擲界」的小怪物，這些稱為「混營生物」的生命形式比我們以往想像的要複雜得多。它們利用太陽能之餘還會捕吃獵物，就像陸地上的豬籠草一樣。

大多數在舊教科書內被歸類為浮游「植物」的海洋微生物，如今科學家發現它們其實是貪婪的捕獵者。同樣，至少一半的浮游動物實際上是混營生物，也需靠光合作用維持生命。它們獲取營養的方式各有不同，例如「包容型」的夜光藻沒有與生俱來的葉綠素，它會捕食其他以光合作用維生的矽藻和甲藻，並將獵物保存在自己體內，成為共生藻；一些「強盜型」的浮游生物會掠奪其他浮游生物細胞內的葉綠素，而被偷去葉綠素的受害者便會喪命；「破壞型」的三毛金藻天生能做光合作用，而又會釋放化學物質，破壞其他競爭對手的細胞，然後吃掉殘骸以獲取額外營養。還有更多浮游生物其他的獵食策略，實在多不勝數，不能盡錄。

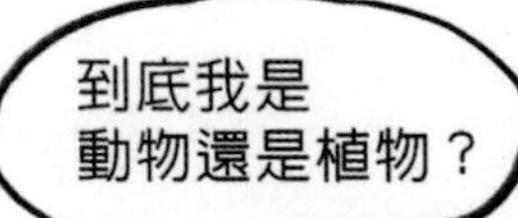

←冬蟲夏草：
常常認為自己會在夏天死掉然後變草，
但其實本身已過了多個夏天。
出自繪師於本出版社的另一本繪本
《蛾仔阿Sir異界大冒險之神獸瑞獸小百科》。

04 艷麗的海洋

珊瑚礁生長在溫暖的熱帶海洋，主要分佈在赤道附近靠近海岸線或島嶼之間。乍眼看，你可能以為它是五顏六色的植物，但它其實是由數以萬隻珊瑚蟲所組成的。

珊瑚蟲身體柔軟，頂部有一個由十來隻觸手包圍的口。為了保護柔軟的身體，珊瑚蟲分泌碳酸鈣，築成跟石頭一樣堅固的骨架。碳酸鈣緩慢地堆積，逐漸形成珊瑚礁。不同類的珊瑚會長成不同的形狀：有些看起來像樹，有些像扇子、鹿角、蜂巢，甚至大腦。珊瑚蟲雖然能夠用觸手捕捉一些浮游生物來吃，但是牠們主要營養來源是來自寄宿在牠們身體內的共生[1]藻類。藻類能夠依靠陽光進行光合作用，為自己和珊瑚蟲製造食物，這是珊瑚礁生長在靠近水面和清澈水域的原因。此外，藻類更為珊瑚蟲本來半透明的身體帶來繽紛的顏色。

色彩明亮鮮豔的珊瑚礁充滿生機，是許多海洋生物的家：各種大小的魚類、八爪魚、海星、蜆、海綿、龍蝦、海龜都住在這裡，因此珊瑚礁常被稱為海洋的熱帶雨林。有些動物是互利共生關係，需要互相幫助才能生存，小丑魚和海葵就是其中一個例子[2]。珊瑚礁是地球上重要的生態環境之一，礁石中每個角落與縫隙都可以作為海洋生物躲避獵食者的庇護所。雖然珊瑚礁只佔地球面積不到 1%，但卻有 25% 的已知海洋物種生活在這裡。科學家估計有多達 200 萬個物種棲息在珊瑚礁中。

珊瑚礁的生長速度非常緩慢，一般大型的珊瑚礁每年只會增長 1 至 2 厘米。新一代的珊瑚蟲會長在死去的珊瑚上面，珊瑚礁

鹿角珊瑚

腦珊瑚

扇珊瑚

蜂巢珊瑚

(又稱魔鬼海星)
棘冠海星：珊瑚的天敵

大法螺：棘冠海星的天敵

就這樣一層一層地加厚。每個珊瑚群落經歷數百年、甚至上千年的生長，逐漸與鄰近的珊瑚群落連結在一起，足以形成數百公里長的珊瑚礁群。世界上很大部分珊瑚礁位於東南亞和澳洲附近，而最大的珊瑚礁群是位於澳洲昆士蘭對開海域的大堡礁，綿延2300 公里，是潛水員嚮往的旅遊勝地。有報告指大堡礁早在二萬年前便開始生長，它巨大得從外太空都可以看到。

綽號「珊瑚殺手」的魔鬼海星是珊瑚的最大天敵之一，牠以珊瑚為主要食物。 跟其他海星一樣，魔鬼海星吃東西的方法很特別：牠先把自己的胃從嘴裡吐出來包圍珊瑚，然後胃部分泌出消化酵素把珊瑚溶解。胃部便可以在身體外將營養液直接吸收，亦可以將半消化的食物吞噬，縮回身體內再慢慢消化吸收。這種把胃部反出來「預先加工」食物的能力，使海星能夠「吃」比牠嘴巴大的獵物。

當珊瑚受到污染或其他因素的壓力，例如當海水變得太鹹或太熱時，牠們會將寄居在體內的藻類排出。當珊瑚蟲體內的共生藻數量下降時便會失去顏色，結果露出白色的骨架，造成珊瑚白化現象。極度白化的珊瑚很快便會餓死，破壞原先充滿生機和生物多樣性的生態環境，並需要極長的時間才能恢復。目前，地球暖化正危害着珊瑚的生存，直接影響以珊瑚礁為家的海洋生物。

[1]互利共生：兩種生物生活在一起，互相依賴，並彼此都得到好處。

[2]海葵有毒的觸手能夠攻擊魚類，但是小丑魚卻能住在海葵的觸手之間。因為牠身體表面分泌的黏液，能使自己對海葵的有毒觸手免疫。小丑魚躲在海葵內便可以得到保護，避開想吃牠的大魚。另一方面，小丑魚會幫海葵清潔，並趕走海葵的獵食者。

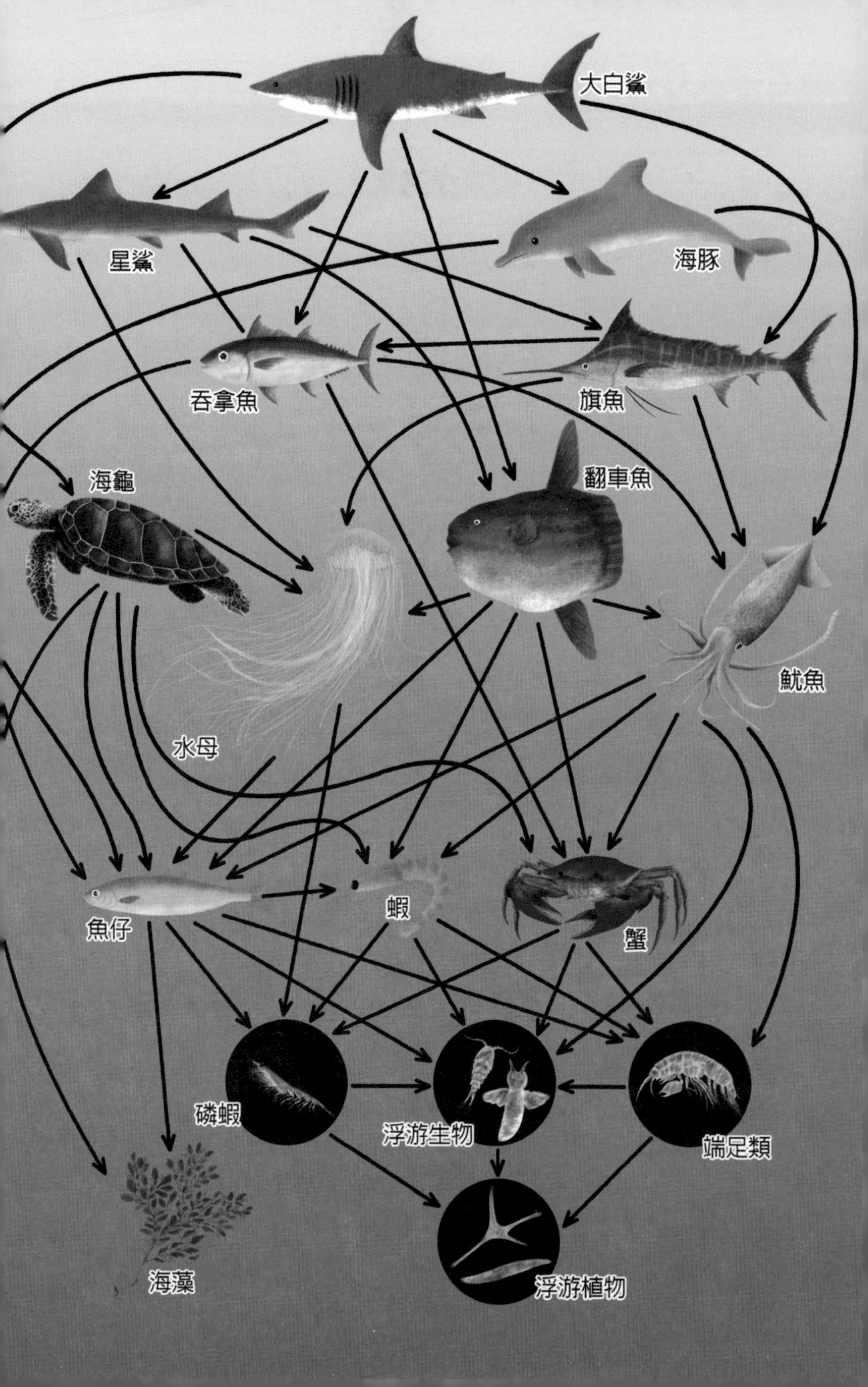

大白鯊
星鯊
海豚
吞拿魚
旗魚
海龜
翻車魚
魷魚
水母
魚仔
蝦
蟹
磷蝦
浮游生物
端足類
海藻
浮游植物

海洋食物網

海洋中所有生物都必須有能量才能生存。浮游植物和海藻依靠太陽獲取能量，其他動物就依賴它們及其他動物來獲取能量。在一個生態系統中，植物和動物都是相互依賴的，科學家有時會用食物鍊或食物網來描述這種聯繫。

在任何生態系統中都有許多食物鏈。一般來說，大多數植物和動物都是多個食物鏈的一部分。當我們把所有的食物鏈互相聯繫在一起時，便會得到一個食物網，顯示了生物之間誰依靠誰相互交錯的關係。

05 冷傲的海洋

從冰河世紀說起

幾百萬年前，地球經歷過非常寒冷的冰河時期。極低的氣溫使地球上三分之一的陸地都被冰封，有些當時形成的冰川至今仍然存在！只是它們現在的體積比當初小很多而已。冰川形成在長期寒冷的地區，當一個地方不斷下大雪，積雪一層層疊高，如果下雪的速度比融雪快，便會逐漸形成冰川。世界各地的冰川都距離「水深火熱」的香港很遠，除了在南北兩極之外，位處很高和終年冰封的山上，例如喜馬拉雅山、青藏高原，和加拿大的洛磯山脈等地也可以找到冰川。

冰川會隨着季節和氣候變化擴張或縮小。通常在冬天或平均氣溫低於冰點時，冰川就會緩慢地延伸。當積雪愈厚和愈多，它的重量擠壓着底部的雪，結果原本鬆散的雪壓縮成一塊巨大的冰。由積雪變成冰川的過程可以很慢長，歷時數千年的累積，有些冰川的厚度可以超過 4000 米。當冰川變得非常龐大和非常重，底部的冰不能承受上面的冰的重量，就會沿着斜坡向下前進。年復年，冰川一層層地加上新的雪，不斷堆疊和擠壓，然後「冰」向低流一寸寸向下移動，就像一條非常緩慢的冰河。

天氣變暖時冰川會融化和退卻，雪山上的冰川融化，冰川水匯聚成河流，為山下許多人和動植物供應珍貴的淡水資源。因此，冰川融化一點點是正常的，未必是壞事，只是我們不希望它融化得太快和太多。但是據資料顯示，在過去一百年，冰川因為全球暖化而大幅縮小，有些冰川更已經完全消失。暖化導致更加多冰川水流入海洋，使海平面升高（水深火熱的並不只在香港），但在某些地方卻造成旱災，產生很多嚴重問題。

冰山一角

冰山是在海上漂浮的巨大冰塊，是由陸上的冰川因為重力往下移動至與海相連之處，然後崩解分裂出來落入海中。冰山會在海中隨着洋流及潮汐四處漂移，可達數千里遠。它會被海浪衝擊、融化，或會撞到陸地或其他冰山後粉碎。

一座冰山通常有九成的主體是藏在水面下，只有十分之一的山巔部分露出水面。藏在水面下那部份的形狀，很難單靠肉眼觀察來判斷，這就是俗語「冰山一角」的由來，比喻所暴露出來的事情只是真相的一小部分。最小的冰山體積雖然只有一輛私家車般大，但是它足以對船隻構成危險，因為它們在水面浮沉時並不易被發現。而特大的冰山則可以在海平面以上，長逾 200 米、高 80 米，這就如 20 多層的大廈一樣高。

為甚麼冰川和冰山是藍色，相信這不會難到讀者。冰川本身的重量長時間擠壓着冰層，把內裏的氣泡迫出，形成幾乎沒有空氣困在其中的大冰塊。水分子吸收偏紅色的光，使冰塊呈現藍色。通常在冰山從冰川崩解時，便可以看見呈現藍色的冰層內部。還未經過太多壓縮的積雪還存在很多空氣，因此它會反射絕大部份的光而呈現白色。

龐大的冰山孕育着複雜的生態系統，即使它們在最冷的海洋裏漂移，但是也會一點一點地融化。冰山融化的過程會影響環繞着它的海洋，從「山上」流下來的淡水自冰山向四方擴展。剛融化的淡水比周圍的海水還要冷，這個溫差使冰山附近的海水產生熱對流，有利生物在這個範圍生長。幼魚可以匿藏在小冰洞裏躲避獵食者。各種無脊椎動物，例如水母會聚集在冰山附近，捕食住在冰山下的磷蝦。這種賣相像蝦但是體型十分小的浮游動物，也是鯨魚、魷魚和許多魚類愛吃的食物。海燕會在冰山上築巢，並捕獵海洋生物。此外，海豹及企鵝也很喜歡呆在冰山上隨水漂流，像乘「順風車」般四處旅行，沒有簽證限制。以上介紹了不少海洋生物，但這些例子也只是冰山生態系統中的冰山一角，科學家還未完全理解清楚冰山上的所有事情。

海冰

同樣能在海面上看見的海冰，它的形成方式跟冰山並不一樣。海上漂浮的冰山源自陸地上的冰川，而海冰則是在海水中形成、擴張和融化，分佈在南北兩極。在極度寒冷的風與水流的相互作用下使海水結冰。海水結冰的溫度是攝氏零下 1.8度[1]，過程中海冰會將大部份原先溶解在水中的鹽釋出，但是鹽分又會以結晶的形式夾雜在冰晶之間。而海冰隨着溫度變化，在不斷重複的融化然後又再結冰的過程中，逐漸將鹽分排除，令海冰下的海水鹽度稍為提高，而海冰亦變成越來越純正的冰塊。因此，如果你有機會吃一口海冰，會發覺它並不像海水一般鹹。

每年冬天，北冰洋海面凍結成海冰。到了夏天，有些海冰會融化，但有些已經累積得很厚的海冰並不會完全融掉，所以某些部份的北冰洋面是終年結冰。然而，自 1979 年起科學家開始用衛星觀測以來，夏天餘下的海冰面積愈來愈小。在 2012 年 8 月，海冰覆蓋的範圍更是有紀錄以來最小。

海冰、冰山和冰川都有助極地保持寒冷，能調節地球的氣候。雪白和光亮的表面能將 80% 照射在它們上面的陽光反射回太空，減少地球表面吸收太陽的熱能。但當海冰融化露出海洋表面，海水則只能反射 10% 的陽光，這即是吸收 90% 陽光的能量。海洋變暖令海冰減少，意味着地球表面所能反射的陽光會持續減少，結果地球吸收更多熱能，溫度上升形成加促海冰融化的惡性循環。海冰減少直接影響北冰洋的冷水透過洋流與赤道的暖水轉換，對海洋的熱循環影響甚深，亦從而影響地球的氣候和生態。因為海洋中的所有生物都依賴這個能量循環[2]，而陸地上的生物也依賴着海洋生物。

[1]在攝氏 0 度(純水的冰點)的狀態下，「水變成冰」和「冰變成水」這兩個狀況同時發生。即是有水分子凝固成冰的同時，仍然有「冰分子」在融化成液態水。而海水中的鹽破壞了結冰和融化過程之間的平衡。試用微觀想像一下：當水分子碰上海冰時，它會凝結成為冰的一部分。但如果水中有鹽，它便會阻礙水分子成為冰的一部分，減慢了結冰的過程。因為相比純水，在同一時間內海水中可以結成冰的水分子較少。另一方面，冰的融化速度不受鹽的影響。由於融化快過凝結，海冰便會融化。亦因此海水的冰點比純水低，而鹽度愈高海水的冰點便愈低。

[2]深海環流，又稱「溫鹽環流」，是指依靠水溫和鹽度的變化而造成海水密度的差異所驅動的「輸送帶」。這種循環不單輸送熱能，還會不斷補充海洋深處的氧氣供應。到這裏看海洋輸送帶(香港天文台網站)：

南極食物網填充遊戲 – 誰吃誰

你能把以下生物放在南極食物網的正確位置嗎？(答案在第 42 頁)

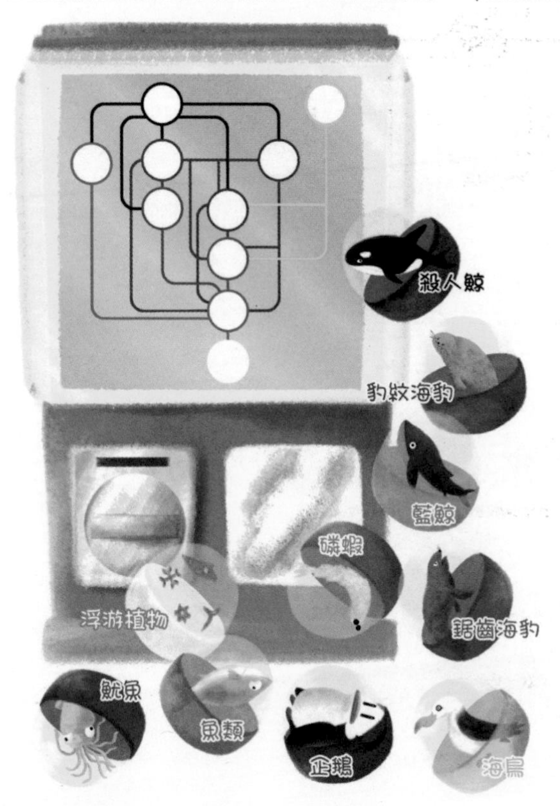

提示

1.浮游植物：位於食物網的底部。
2.南極磷蝦：模樣似蝦的小型甲殼類動物，以浮游植物為食。
3.魚類：南極大部分的魚類都以南極磷蝦為食；牠們則是企鵝、海豹、海鳥和魷魚的食物。
4.魷魚：南極海域中有超過10種不同的魷魚品種，以小魚和磷蝦為食，而牠們則被鯨魚、海豹和海鳥吃。
5.海鳥：例如信天翁和海燕，牠們會俯衝進水中捕捉魚或魷魚。
6.企鵝：以魚和南極磷蝦為食，但牠們也是殺人鯨和海豹的食物。
7.豹紋海豹：通常單獨捕獵，以企鵝、幼鋸齒海豹、魚、魷魚和磷蝦為食。
8.鋸齒海豹：因為鋸齒狀的牙齒而得名，主要以南極磷蝦為食，牠們也是殺人鯨的美食。
9.藍鯨：以很大量的磷蝦為食，一餐最多可以吃下3噸磷蝦！牠們唯一的天敵是殺人鯨。
10.殺人鯨：海洋中的頂級獵食者，以海豹、企鵝和水面附近的魚為食物，偶爾也獵食其他品種的鯨魚。

答案：

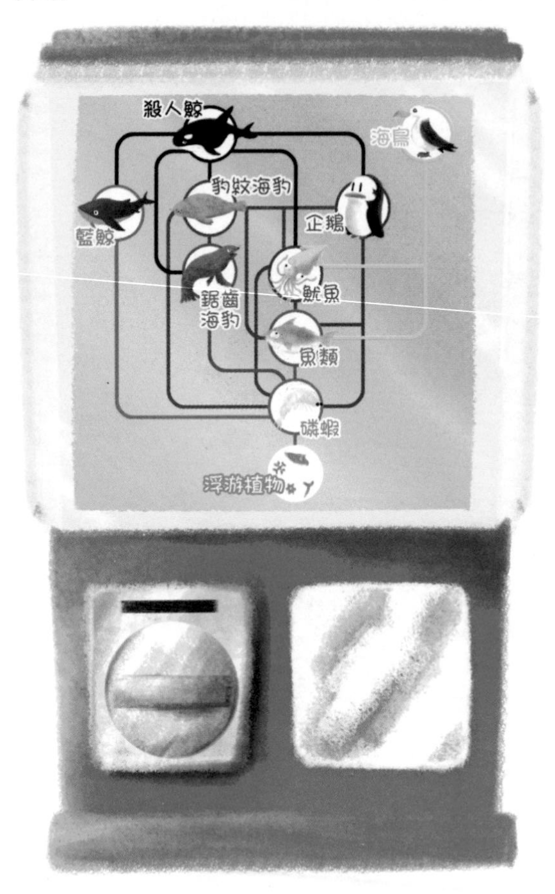

有點難

06 謎之深淵

地球表面被海洋覆蓋的地方，大約有四分之三是永久漆黑和寒冷的深海，那兒絕對是神秘的世界。由海面每下潛一點，光線便逐漸變暗。到了 200 米以下光線大為減弱，幾乎沒有陽光到達，溫度也因此急劇下降。到了 1000 米，當所有光線都被海水中的物質吸收，就是完全漆黑的深海世界。這裡唯一可以見到的光，就是海洋生物自己產生的。到了 4000 米的深處，是滿佈泥濘的海床，而這個深度亦是地球海洋的平均深度。這裡平均溫度徘徊在攝氏 2 度，比雪櫃的溫度還要冷一點。海水的重量隨着深度累積，水愈深壓力愈大，深海的壓力巨大得幾乎可以壓碎任何東西。

深海平原即是海洋 4000 至 6000 米深處平緩的海床，海底覆蓋著厚厚的軟泥，這些帶黏性的海洋沉積物，其實是經過數萬年，由上面的海洋表層產生和掉下來的有機垃圾。這裡非常黑暗和冰冷，靜水壓是 600 個標準大氣壓[1]。然而，在這片荒涼的深處也並非太差 —— 這裡仍有氧氣，因為冷的海水較能保持溶解於水中的氧氣。潛得愈深，生物可找到的食物就愈少，這使得在深海生存變得更具挑戰，但是仍然有許多底棲生物[2] 以這片「空地」作為牠們的家，而物種數目更是多得會令人吃驚。

相信沒有其他物種能比海參更適應食物稀少，環境又嚴峻的海底生活了，牠們老是慢慢地在海床四處遊蕩爬行，尋找小生物和美味的有機垃圾。牠們在進食時，會用嘴巴周圍 20 到 30 個的觸手，一次過把軟泥和所有東西撥入口中，過濾了軟泥中的食物後，其餘的部分便成為糞便，從身體另一端的肛門排出。

為了適應生活壓力比香港大很多倍的深海，許多生物的身體結構都長成啫喱狀。這種柔軟而又穩定的質地有助牠們應付壓力和較慢的生活節奏。因為這片荒地太大，食物太難找，牠們永遠無法確定何時何地可以開餐。所以為了解決這個問題，深海動物都必須是節能高手。牠們通常會生長得很緩慢，有趣的是，這樣反而令牠們變得很長壽。例如大西洋胸棘鯛（是俗稱「大眼雞」的深海疏堂親戚）的壽命一般都超過 100 年！而有些物種的體型則會長得很龐大，例如有大名鼎鼎的大王魷魚和皇帶魚。

每個海洋分層都有其特定光照度、壓力和溫度，因此各種海洋生物都各自有奇特的方法來適應這些不同的環境。深海平原覆蓋了地球地殼一半的表面，科學家估計尚有超過一半的海洋物種還未被發現。人類對外太空的了解比對我們自己的海洋了解得更多，尤其是深海和當中我們還未探索過，謎一般的部分仍有很多。多得現代的潛水工具和許多探測器的發明，科學家不時在深海發現許多令人驚訝的深海生物。

海洋分層

海洋科學家根據物理參數將海洋劃分為五層。最頂約 200 米的表層是透光帶，那裡陽光充足，是海藻和植物可以進行光合作用的範圍。在 200 米之下是中層帶，光線會逐漸變暗，因此亦稱為「黃昏區」，這裏微弱昏暗的光並不足以讓植物進行光合作用。在黃昏區以下是完全沒有光的半深海帶（1000-4000 米），這裏亦稱為「午夜區」。深海帶（4000-6000 米）是海洋的底部，在深海盆地的底部還有更深的超深淵帶，是海洋最深的地帶，目前已知最深可達 10900 米。

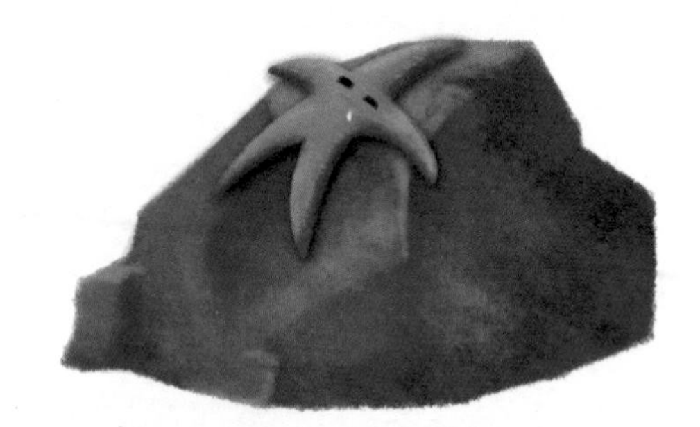

[1] 空氣的重量會從各個方向擠壓着大氣層中所有東西，這種擠壓力即是大氣壓。標準大氣壓是一個壓強單位，符號 atm。「一個大氣壓」1 atm 就是我們身處在海平面所承受着的壓力，相當於每平方英寸 14.7 磅力（psi），或約每平方厘米 1 公斤（kg/cm²）。海水的重量亦會產生壓力，而水比空氣重得多，壓力隨海洋深度增大：每增加 10 米深就會增加 1 個大氣壓。所以在 10000 米深處，壓力是海平面的 1000 倍，約為 1 噸/平方厘米。

[2] 底棲生物是指住在海底或海床附近的各類動物和植物。

0-200米：透光帶
200-1000米：中層帶
1000-4000米：牛深海帶
4000-6000米：深海帶
>6000米：超深淵帶

奇怪的海洋生物

07 深海精明眼

生活在海洋透光層以下的生物，如何能夠適應光線昏暗的環境，找到食物之餘又能夠避開獵食者？牠們需要演化出異常靈敏的眼睛，能夠看見東西：包括可以吃的和可能會吃掉自己的，對於牠們來說十分重要。有些海洋生物長出了一雙巨大的眼睛，這樣就可以看到最微弱的光線。但是，有大眼睛的生物卻可能更容易被獵食者察覺。

有些魚演化出形狀如望遠鏡的桶狀眼睛，這是一個複雜的視覺系統。「望遠鏡」指向的那方的視力非常敏銳，但魚兩側的視力相對差一點。為了補救這個缺點，眼睛內的視網膜延伸到桶眼的一側，這樣牠便能夠探測到與「鏡頭」方向垂直的光線，這幾乎如同長了兩對眼睛！

前方很黑暗，但牠們都非常努力地看東西。

集合啦！太平洋桶眼魚

在太平洋 600 至 800 米的水深，太平洋桶眼魚以特別奇怪的方式來尋找食物。首先，牠有一個外形似戰鬥機泡型艙罩的透明頭部，內裡有一對向上望的桶狀眼睛。這使牠不用抬高頭，身體維持水平游泳的姿勢就能看到上方的獵物和動靜。而充滿清晰透明液體的頭部，除了可以保護眼睛之外，還有助收集更多光線。牠那不同尋常的泡型艙罩頭部結構更令牠獲得廣闊視野的優勢。2004 年，科學家用遙控深潛器觀察牠們，並首次拍攝到那對向上指的桶眼原來可以轉向，其實牠也能夠向前看。在此之前，人們還真的以為牠只懂「望天打掛」的！各位模擬遊戲島民請留意，科學家只見過這種深海魚很少次，現實中並沒有那麼容易就讓你釣得到牠的！

到這裏看太平洋桶眼魚：

望遠鏡章魚

除了桶眼魚以外，望遠鏡章魚也有桶狀眼睛。牠有個正經一點的學名叫水母蛸，「蛸」是八爪魚的古代名稱。「章」如其名，水母蛸身為章魚外表和動作卻很像水母。身體是玻璃般透明，只有那對極之突出的眼睛和腸臟有顏色。牠們生活在印度洋和太平洋的熱帶和亞熱帶水域，八隻一樣大小的爪之間長有透明網狀結構，在 150 至 2000 米深的海中垂直漂浮，從遠處望牠像是深海出沒的幽靈。牠們不會像大多數的八爪魚在海底游動和爬行。牠是唯一一種擁有桶眼的章魚，兩個突出又能夠旋轉的「望遠鏡」使牠擁有極寬闊的視野，更容易看到四周的獵物和敵人。

到這裏看望遠鏡章魚：

射籬眼魷魚

在海洋中層帶有一種奇怪的「大細超魷魚」，牠們的右眼都是正常大小，但是左眼則比右眼至少大兩倍，從頭部凸出，並呈現黃綠色。科學家稱牠們做異帆烏賊(花名：射籬眼魷魚)。我們一直都不清楚牠們為甚麼要長成這個樣子。或許用多角度觀察事情也是種生存之道吧，2017年，科學家憑着觀看150多條錄影片段，發現牠們為了能夠看到深海中不同的光源，演化出兩隻各有不同功能的眼睛，老是向上望的左眼用來看上方的動靜，在昏暗的陽光下任何東西些微幌動的陰影，牠特大的左眼都能察覺得到；而藍色、老是向下望的右眼則是用來探測更深、更暗的水域下會生物發光的獵物。

到這裏看射籬眼魷魚：

08 你睇我唔到

海洋中層帶食物緊絀，要適應這種環境便要盡量減少能量消耗，因此，住在這裡的生物一般都行動緩慢，身體亦沒有花能量來長出防禦性的刺或鱗片等構造。但是，中層帶的獵食動物視覺十分敏銳，為了避開獵食者的目光，牠們各自演化出不同的策略，有些身體有反照明裝置，有些則會增加身體透明度，許多住在中層帶的浮游動物、水母、蝦、魷魚等生物是幾乎完全透明的。

天使面孔魔鬼吃相

俗稱海天使的裸海蝶，背部長有翅膀狀的鰭，使牠能在深海中優雅地游泳。牠靈活和半透明的身體給人一種無法捉摸的感覺，因為漂亮又惹人憐愛的外表，為之着迷的人都稱牠海天使。牠體型細小，一般只有 3 厘米長。透明的皮膚透視出身體內部結構和橙色的內臟。雖有天使的面孔但卻有可怕的食相，更令人心寒的是，牠最愛吃自己的近親海蝴蝶。牠是積極進攻型的獵人，一旦盯上獵物，就會從口中吐出三對有鈎的口錐，將獵物抓緊和從其外殼中抽出，並快速地整隻吞下！科學家最近發現南極海天使能分泌一種酸味的化學物質，使其他獵食者覺得牠不好吃甚至被嚇走。

到這裏看海天使：

攝食

粉紅透視無頭雞海怪

這隻透視粉紅色的浮游海參擅長游泳，牠水桶形身體兩旁的「裙邊」能如翅膀般拍動，讓牠優雅地在水中裙擺飛舞。但是亦因為牠的泳姿太像一隻被斬了頭的雞，因此就得到「無頭雞海怪」的花名。牠住在 2000 米以下漆黑的海底，與其他海參一樣每餐也是吃海底泥。牠經常在海底附近漂游，肚餓時便會降落到海床，以每分鐘 2 厘米的慢速爬行，用觸手將軟泥鏟進嘴裡，以攝取沉積物中的養分，吃飽後又繼續游泳。牠透明凝膠狀的身體可以讓人看見貫穿身體的消化道，雖然略帶紅色，但是在深海中大部份的生物都是看不見紅色的，因此牠也能夠躲避獵食者。

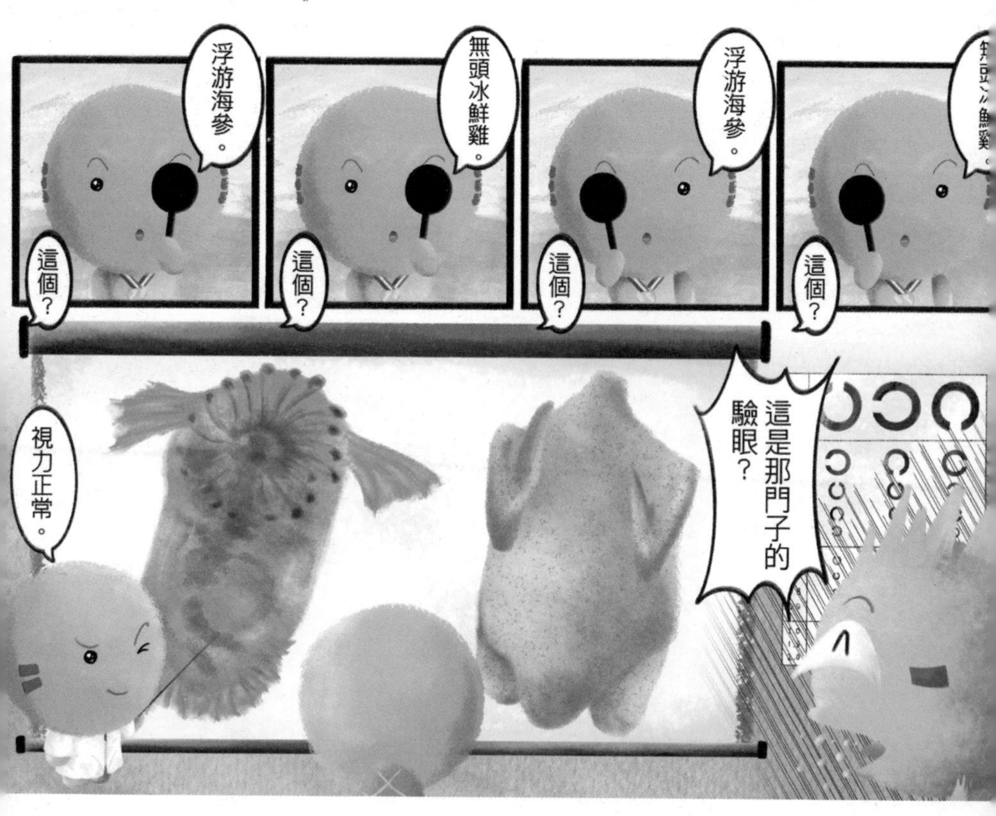

需要看到而不被看到的深海忍者

深海銀斧魚擁有瘦得離譜的身材，牠因為外型似一把銀色的斧頭而得名。身體表面閃亮而帶金屬質感，看似鋁箔暗淡的那面，這使牠不會將光線完全直接反射，而是以多個角度散射[1]，這樣獵食者就不易看到牠。此外，本身亦都長了桶狀眼睛，需要經常仰望上方去探測獵物的牠，腹部和尾巴還裝置了一排有反照明[2]功能的發光器。在較淺水的地方，只要發光器發出與來自上方的微弱陽光相同強度的光，再配合扁平的身體，這種巧妙的偽裝術就如披上了隱形斗篷，能夠隱藏自己的輪廓和減少陰影，使在牠下方、老是向上望的獵食者更難發現牠。

[1] 漫反射（Diffuse reflection）指當一束平行的光線射到粗糙的表面時，會把光線向着各個方向反射的現象，造成反射光線向不同的方向無規則地反射。

[2] 反照明（Counter-illuminescent），或稱消光剪影，是一種主動式的偽裝方法。

09 漆黑中的螢火蟲

無論在什麼地方，大自然的螢光都令人着迷。例如間中在香港海岸出現，被稱為「藍眼淚」的夜光藻，受到海浪衝擊或攪動時，便會發出藍綠色的閃光，波光粼粼的海面彷彿似幽靈在漂浮，吸引不少人去觀看。漆黑海洋中的生物發光現象，如螢火蟲那樣的鮮明和出眾，其實並不罕見：藻類、細菌、水母、甲殼類動物、海星和魚類等，科學家推測超過一半的海洋生物都有某種的生物發光能力。

前文講解過的反照明功能，只是許多重要的深海適應力之一。有些生物會發光來餌誘獵物，亦可以「開電筒」照亮附近範圍來搜尋下一頓飯；有些動物靠發出光訊號與同類溝通或示愛，有些動物則將光用作警告或防禦機制。從岸邊到深海海底，各種不同模式的生物發光都極為常見。動物身體上能夠發光的構造稱為發光器，內有螢光素酶催化螢光素分子的氧化作用，在化學反應中會產生一種冷光[1]。有些動物則是靠在牠們身體內的共生細菌發光，或吃其他懂得發光的生物來獲得發光物質。牠們可以因應需要去調節發光器的亮度，一些生物甚至能夠選擇光的顏色。

光以不同的波長傳播，而波長決定光的顏色。我們肉眼可以看到的波長稱為「可見光光譜」。在空氣中，我們可以看到可見光譜上的所有顏色。但是在水中紅光不能傳播得那麼遠，海洋中的生物發光大部分都是藍綠色的光，因為偏藍的光可以在水中傳

[1] 在化學反應中化學能轉化為光能而發光的現象。這個反應非常節省能量，幾乎所有輸入的能量都轉化為光，而沒有產生太多的熱量。

播得遠一點，亦即是較易看到。事實上，紅光不會穿透深度超過 100 米的水，即是說紅色於深海中並不存在，因此絕大多數的深海動物便失去了看見紅色的能力，許多外表紅色的深海動物亦因此與隱形無異。然而，某些動物卻演化成能夠看到和發出紅光去找獵物，那些毫無戒心的動物無法看到紅光，便不知到要逃跑了。

夜釣專家：鮟鱇魚

深海的鮟鱇魚家族內有超過 300 個品種，牠們都擁有邪惡的外表，黝黑至深啡紅色的皮膚，整個身體充滿怪異的特徵：畸形的身體、刀般鋒利的牙齒和冰冷的目光，不難令人相信牠是從地獄游上來的魚。一般雌性鮟鱇魚有 20 厘米長，是一個伏擊型獵食者，牠不會追捕獵物，而是在前額懸掛一個熠熠發光的誘餌用來吸引獵物。當那些不幸的動物被螢光吸引到牠的面前，牠便張開巨大的嘴巴將之吞噬。而那個靠共生細菌發光的誘餌「燈籠」不只是用來吸引獵物，當牠感到寂寞想招親時便會「點燈」。雄性鮟鱇魚體型只不過 3 厘米長，牠們一生的精力都花在尋找可以付託終身的伴侶。繁殖的渴望勝過一切，當雄魚發現雌魚的光訊號便會咬住牠不放，自此放棄自由，雌雄融為一體，雄魚永遠的寄生在雌魚身上，過着美滿幸福的生活。雄魚的鰭、牙齒、眼睛和所有內臟，除了睾丸之外都逐漸退化，最終成為雌魚身上的一個附屬品 —— 精子儲存庫，在適當的時候幫助卵子受精。

深海金遁之術

在淺海水域，一些魷魚會在危急情況下噴出墨汁作為防禦，使牠們的天敵看不清眼前景象，就可以趁機逃脫。有些深海生物則擅長用「閃光彈」，同樣是令天敵頓時看不清東西，強烈的生物發光訊號可以警戒獵食者並將之嚇跑，分散牠的注意力，混淆獵物的位置。長額蝦是使用生物發光作為防禦方法的好例子，當有獵食者來襲時，牠會吐出發光液體來反擊。藍白色的閃光纏繞在敵人身上，這甚至可能引來敵人的天敵將之吃掉，而長額蝦已經悄悄地飛奔而去！

*「太陽拳」是漫畫《龍珠》中以強光使敵人暫時失明以作逃逸的絕招

在黑暗中尋找自己的路

在 1000 米以下的深處，黑柔骨魚自行發明「夜視鏡」去捕獵。牠身體細長卻有一個血盆大口，眼睛下方還有個紅色大眼袋，這個詭異的造型給予牠「紅綠燈下巴鬆弛魚」的暱稱。在深邃的深海中，牠一身黑色的皮膚是近乎完美的偽裝，而眼下特製的發光器更賦予牠巨大的優勢。別人不做我偏做，牠跳脫深海世界裡慣用的藍色光，卻反其道而行選擇紅色光。無須共生細菌的幫助，牠除了能夠自己產生紅光之外，基因突變也使眼睛獲得看見紅光的能力，令牠見到獨一無二的風景。由於其他深海生物都缺乏看見紅色的視力，黑柔骨魚獨有的紅色照明設備雖然不能作為誘餌，但是可以用來偷偷地監視獵物，而不會暴露自己的行蹤。這好比戴上了軍用夜視眼鏡，令漆黑中的獵物無所遁形。

牠只想找一個伴 人們卻抓牠來吃

你有沒有吃過螢火魷魚？牠是日本富山縣的名產，身體非常小，通常身長不到 8 厘米，壽命長約一年。牠們整個身體的表面都覆蓋着發光器，白天待在 100 米以下的海裏，到了夜晚才會聯群結黨游到海面附近，在茫茫大海發出螢光來狩獵和吸引配偶。牠們的交配期在每年 3 月至 6 月，當地漁船會在這期間舉辦觀光團，讓遊客觀摩捕撈螢火魷魚的情況，並可以一睹數以千計的魷魚在海面綻放燦爛藍光的奇觀。富山縣還有一個螢火魷魚博物館 [2]，要找機會去參觀啊！

[2] Hotaruika Museum 網站：

10 好大的胃口

人們常說相由心生，某些深海魚就是被嚴峻的環境影響心態。又大又黑暗的深海令魚倍感淒涼。牠們孤獨飄泊又經常挨餓，迫使牠們演化出絕地求生的本領，漸漸牠們的長相變得「咬牙切齒」狀甚可怕。每當晚餐出現時，牠們必須立即將之抓住並吃掉：長而鋒利的牙齒可以刺穿獵物，亦有助防止獵物從口中逃脫，有些魚的牙齒大到甚至無法閉上嘴。

深淵帶的食物比中層帶更稀少，一眾動物絕不可以挑食，所以牠們幾乎會吃任何放得進嘴裡的東西。牠們有些具精心設計的大嘴巴，當然亦不少得容量極大，可以延展的肚子，長成這樣的好處是能夠吞下比自己體積大得多的獵物。牠們毫不揀擇的飲食習慣，意味着不必因獵物太大而吃不下，浪費任何吃飯的機會。然而，不是所有深海魚都是惡形惡相，有些其實也長得很酷的。

嘴潤肚窄的汽球：寬咽魚

在深度 3000 米的水域有一個飄蕩的汽球，細心看清楚，原來是一個正在游泳的大嘴巴！寬咽魚[1] 的外表非常有趣，首先當然是牠巨大的嘴巴，下顎有個如合頁設計的關節，使靈活鬆動的下巴可以伸展，以便嘴巴能夠「裂口張開」。大嘴巴上面托着個小得可憐的頭，身體黑色和幼長，尾巴末端有一個用來吸引獵物的發光器。牠的口雖然很寬大，不過頜骨上只有幾排薄弱且細小的牙齒，胃部亦不太有彈性，所以牠無法捕食大型獵物，主要是捕食小蝦、小魚和小型無脊椎動物；牠吃東西時嘴巴會如一把摺傘般擴張，把獵物和大量海水一併吞進口中，這時脹卜卜的嘴巴看似一個充氣的汽球，海水通過鰓孔排出後，牠才把過濾過的獵物吃下肚。

一肚氣的大胃王：黑叉齒龍騰

要避免挨餓就得儲糧積穀防饑。在陸上，松鼠會把果仁藏在臉頰兩邊的頰囊，那張塞滿果實的大面珠看起來也蠻可愛的。但是，在深海並沒有自助餐可以讓黑叉齒龍騰一次過把許多種食物吃進肚裡。而牠的儲糧策略是一口吞下比自己身體長的獵物，有記錄是一條牠 4 倍長度和 10 倍重量的魚，多得牠的特大彈性胃部……不過這個大肚腩就不及松鼠的大臉頰可愛了。這個「大胃王」以為自己可以慢慢消化和吸收食物，但是肚內的獵物亦同時在自然降解，這過程會產生大量氣體。充了氣的肚子使牠被迫浮到較淺的水域，便不幸地給科學家捉了去研究，亦因此這種魚的標本通常都有另一條魚盤繞在牠鼓漲的胃裡。

巨口鯊 嘟嘟嘟嘟嘟嘟~

外表胖嘟嘟的巨口鯊本性和善，樣子比較平易近人，一點也不像大白鯊般兇悍。巨口鯊的拉丁文學名就有深海巨口的意思，牠有一個圓潤、寬而肥的鼻子，巨大的嘴寬約 1.5 米，還有質地如橡膠的嘴唇，下巴上有一排排的小牙齒。柔軟的身體長 4 至 5 米，最長的記錄是 7 米，體重最重可達 1 噸。身體呈棕黑色，腹部偏白。牠渾圓的身體有時令人將牠誤認是殺人鯨寶寶。牠泳姿笨拙，游泳時會張大嘴巴邊游邊吃，捕捉和濾食浮游動物、磷蝦與水母等獵物，嘴巴附近有用來吸引獵物的發光器。巨口鯊低調地住在 1000 米的深海，是一種極為稀有的深水鯊魚，1976 年牠首次被發現至今我們只見過二百多條。

[1] 寬咽魚，又稱闊嘴鰻。到這裏看寬咽魚：

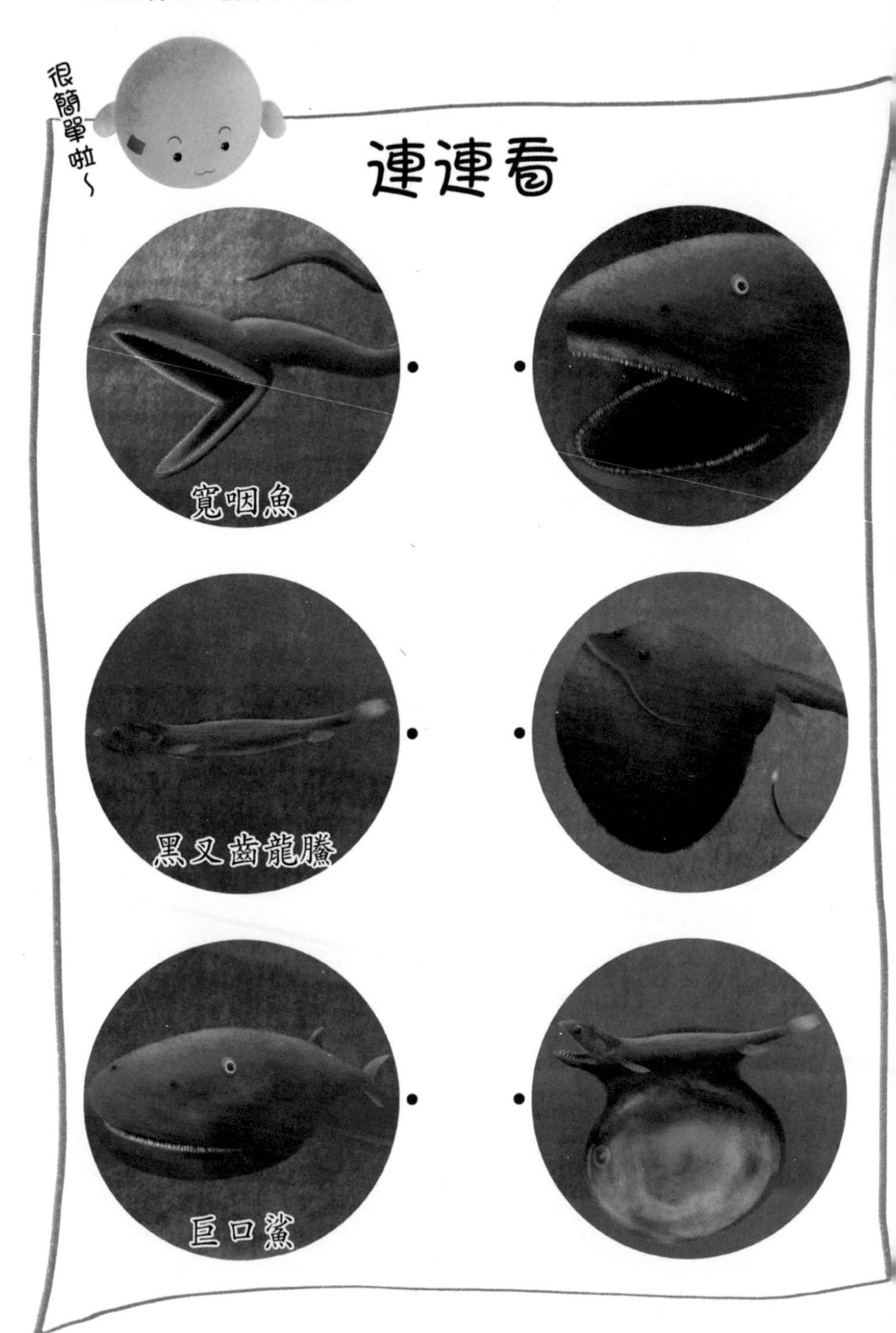
很簡單啦～
連連看
寬咽魚
黑叉齒龍騰
巨口鯊

你是笨蛋麼？
咚！
完成！

11 深海選醜大賽

絕大部份的深海生物看起來都很奇怪，這是因為牠們需要適應又冷又黑的嚴峻環境。因為很重要所以要多講一次：海水的重量形成巨大的壓力，海洋面積很大但是食物太少使牠們一餐難求。事實上，牠們醜怪的身體特徵某程度上是幫助牠們在極端環境中生存，牠們的一些生活習性甚至令人毛骨悚然。

貪吃腐敗沒腰骨：盲鰻

棲息在 800 米深水域的盲鰻是海洋中最噁心的動物之一。牠的眼睛差不多看不見東西，只能夠感測光暗；頭骨由軟骨製成，沒有下巴，柔軟的身體內脊椎骨已經退化。口部有 4 排尖牙，牠主要是吃動物屍體[1]，一旦找到食物牠就會先把臉埋進去，然後用牙將腐肉一片片刮進口中，慢慢便在屍體內挖出一條隧道，再由內吃到外。儘管這樣看起來很噁心，但牠有助清潔海底和回收資源。光滑的身體有發達的黏

液腺，為了抵禦獵食者或受到騷擾時，腺體便會分泌出一種蛋白質，與海水接觸後會膨脹成透明的黏液使敵人動彈不得，這黏液甚至能堵塞對方的鰓使其窒息，盲鰻便可以趁勢滑走。雖然一般人都很厭惡盲鰻的外表，但亦有人在醜陋中發現牠的美，韓國名菜「辣炒黏鰻」就是用牠做的。

膚淺的大粉紅：歐氏尖吻鯊

歐氏尖吻鯊是深海中的活化石。牠柔軟和鬆弛的身體長約 5 米，移動緩慢以節省能量。只要自己不尷尬，尷尬的就是別人。半透明的皮膚顯露出體內血液的顏色，身體因此呈現令人尷尬的粉紅色調。牠有個十分突出的大鼻子，形狀如做水泥工用的灰匙，內裏藏着一個超級靈敏，能夠探測獵物的電子感應器。鼻子下方是一個更「突出」的嘴巴：用來承托牙齒的頜骨並沒有與頭骨連接，而是靠韌帶和軟骨組織懸掛在嘴裡。當牠張大嘴巴獵食時，上下兩副尖牙會突然向前彈出嘴外來抓住正想逃走的獵物。然後，牠便淡定地將這頓飯「啜」進嘴裡。這跟祖母不小心把假牙吐出不同，牠的「啄」是伸縮自如的！尖吻鯊通常會在深度 900

米以下的領域活動，而且年齡愈大，牠們便能潛得愈深，因此科學家對牠所知甚少。

傷心的佛系啫喱：水滴魚

長期在「世界最醜動物排行榜」佔一席位的水滴魚又名憂傷魚，看牠的表情便會明白這個暱稱的由來。牠住在海平面以下 600 至 1300 米的深海，身體不超過 30 厘米長，主要由膠質組成，幾乎沒有肌肉和只有很少骨頭；啫喱狀的身體密度比水還要低，這讓牠不必用鰾[2]便可以保持浮力，「佛系」地在海底漂浮而不必消耗太多能量來游泳。沒有牙齒的牠連吃也很隨緣，只會用嘴吸食飄至牠嘴前的有機物與小型蝦毛。在深海中水滴魚其實是面圓圓頗可愛的，樣貌還有點似鷄泡魚。有賴深海壓力給牠自然的承托，維持牠正常的型態。我們常以為牠滿面愁容，是源自牠從深海被撈上來後，因為壓力急降，如啫喱般軟弱的身體缺乏海水支撐而受損崩塌，做成不得不躺平的軟爛形象。

[1] 食腐動物是指專食生物屍體的動物，不會主動去捕獵。

[2] 即是「魚卜」，是用來控制浮沉的器官。

這麼醜的魚

12 深海巨怪

在科幻恐怖小說中常有神秘的深海巨型怪物出現，以往世界各地亦有海洋探險家說過他們發現大海怪的引人入勝經歷。而隨着海洋科學的發展，我們已經證實深海裡並沒有海怪，而是有些生物的體型，會比牠們生活在淺水的同類大很多倍。事實上，生物學家一直都有觀察這種「深海巨大現象」，他們推論某些動物在幾乎與世隔絕和資源短缺的深海適應和定居，數萬年後牠們可能會演化成新的物種，原本是小型生物會變大，外表亦與當初的始祖不同。

科學家目前仍在爭論這些深海生物為何會變大，亦嘗試去解釋生物如何能夠有這種變化。首先，深海食物極之短缺，生物必須變得更有效地節省能量，牠們的新陳代謝速度變得很慢，生活在低溫的環境中亦不用耗費能量來調節體溫；這些能量便有機會用在身體生長，從而增大體型。此外，生活得愈深獵食者就會愈少；牠們少了被吃掉的機會，同時又少了爭食的對手，便可以安逸地生長到更大的尺寸。

你或會以為深海的壓力會使動物變小而不是變大，但其實壓力對牠們來說並非什麼大問題。亦正是為了適應巨大的壓力，深海生物的體內充滿水份，水是不可壓縮的，因此牠們的身體不會被「壓扁」。加上牠們身體的密度跟水差不多，這亦令牠們獲得浮力，所以即使牠們體型變大了也不需要對抗重力。不過，如果這些生物上升到水面，原本溶解在牠們血液中的氣體會隨着壓力降低而變成氣體。氣泡會在牠們的血管中形成造成栓塞，導致身體膨脹甚至爆炸！

好打得的大王魷魚

大王魷魚是名符其實的深海大怪物，牠的身體構造與一般魷魚一樣，不過體積就大很多。牠體重達 200 公斤[1]，體長 18 米，是世界上最長的無脊椎動物；眼睛也是動物界最大，直徑比一個籃球更大！魷魚筒底部有一個多用途漏斗：呼氣、便便、產卵、噴墨，又能夠大力地噴出海水來幫助身體快速推進。牠有八條觸鬚，另外有兩條攻擊力強的超長觸手[2]，能夠如炮彈般快速地發射出來捕獵，觸手上的大吸盤更佈滿尖牙狀的倒鈎把獵物牢牢地黏着。牠愛吃深海魚和其他魷魚，抹香鯨則是牠的天敵。大王魷魚是北歐神話中的海怪原型，水手之間流傳着目睹過牠與抹香鯨激戰的古老傳說。科學家近年發現一些抹香鯨的皮膚留有被大王魷魚吸盤攻擊過的疤痕，證明了大王魷魚真的很打得。

深海「高腳七」：日本巨蜘蛛蟹

日本巨蜘蛛蟹是世界上最大的節肢動物，牠的學名叫甘氏巨螯蟹，「螯」即是牠第一對腳尖端上的蟹鉗，將這對腳打橫展開，跨度可達 4 米長。成年日本巨蜘蛛蟹重 16 至 20 公斤左右，牠們住在日本岩手縣周圍海域深 500 至 1000 米的海底；通常不捕獵，喜歡吃腐肉或植物，間中可能吃活魚或其他貝殼類等。行動緩慢的牠靠堅硬的外殼保護自己，凹凸不平和佈滿尖刺的外殼有助牠免受章魚等大型獵食動物捕食；而體型較小和較年輕的蟹則會用海帶等物件裝飾外殼來作為偽裝，低調地呆坐海床。牠們平均可以活 100 年，是壽命最長的蟹類。然而，牠們令人垂涎的美腿卻很脆弱，有研究發現，四分之三他們觀察過的蟹至少不見了一隻腳……希望不是被太肚餓的研究員偷吃了喔！

形象時髦的深海水甲由

深海水甲由架着三角形墨鏡，非常堅硬的外殼塗上淺紫色，打扮尚算時髦。牠們身體一般長20至30厘米，紀錄中最大的有76厘米長。深海水甲由寶寶出世時長約9厘米，形態與成蟲一樣，只是缺少最後一對腳，到牠完全成長後會有七對腳。牠們會吃任何捕捉到的獵物，例如海參和海綿等，但主要是吃動物屍體。牠們飢餓時，只要周圍有食物便會不停地吃，然後可以很久不進食，牠們會因為吃得太多而走不動！牠身體的肉不多，所以很少有動物會想費力吃牠，沒有很多天敵或許是牠們會長得如此巨大的原因之一。據說曾經有本港餐廳從南非入口深海水甲由，將牠當是瀨尿蝦般烹煮作招來，可是銷路慘淡。牠住在日本的表親大具足蟲卻是當地餐廳名物，常常被人捉來吃。

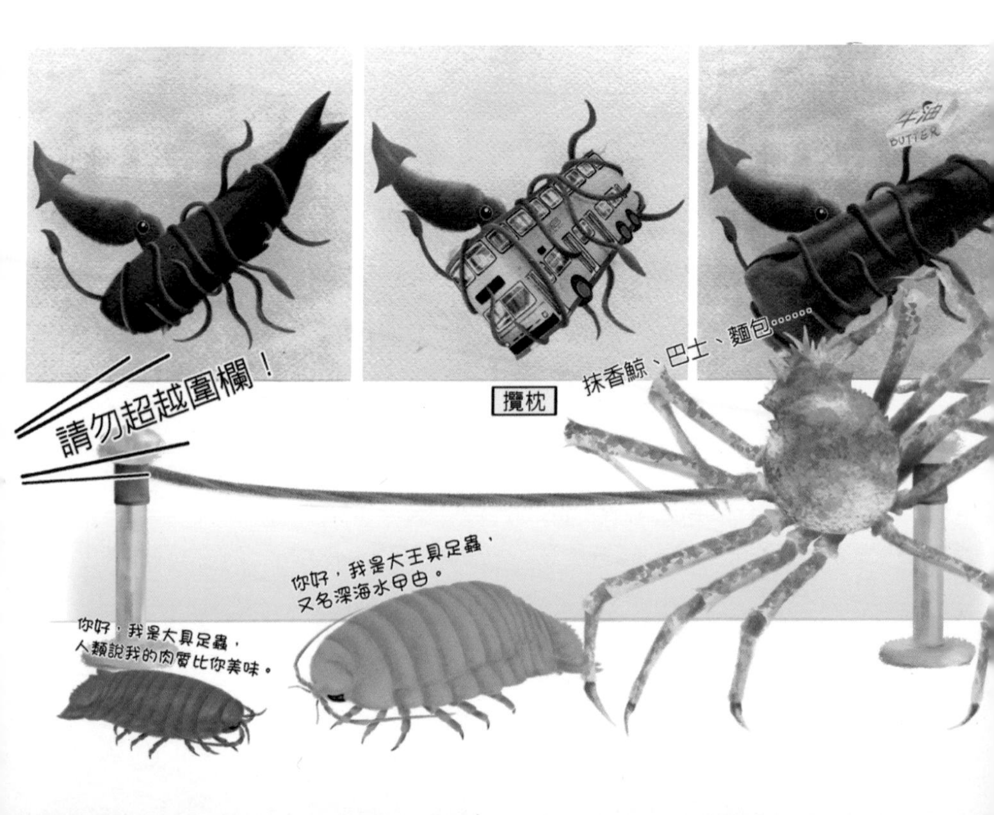

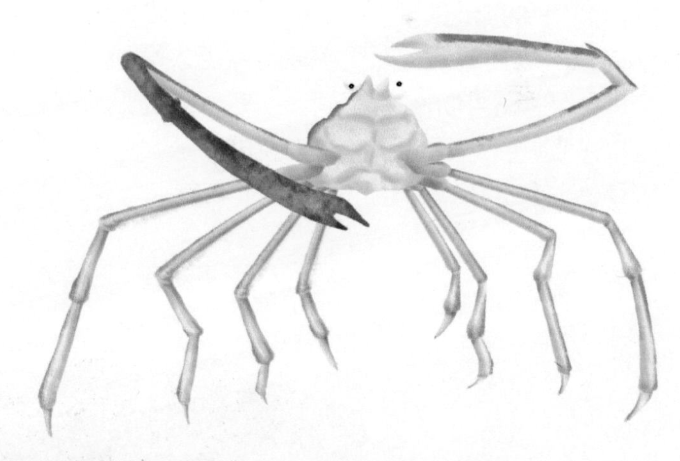

[1]能與大王魷魚爭奪最大魷魚稱號的有南極中爪魷，紀錄中牠的重量超過大王魷魚，可達 750 公斤，不過平均體長仍不及大王魷魚長，大約 14 米左右。
[2]捕獵用的觸手通常是身體兩倍長度。

13 把腳生在頭上的魚

八爪魚、烏賊、章魚、魷魚、墨魚、鎖管、花枝……好亂呀！要怎麼分辨牠們？有些人會因為牠們都會噴墨，所以統稱牠們做墨魚。在生物分類學上，牠們屬於頭足綱，是軟體動物其中一個分支，但是與其他軟體動物（例如蝸牛）最明顯的區別是頭足動物沒有外殼。墨魚和魷魚有「內殼」[1]，而八爪魚則連內殼也沒有。身體分頭、腳、軀幹三部分，牠們的腳生在頭部，故稱為頭足動物。頭大和雙眼發達，複雜和發達的神經系統，曉得創意極高的偽裝術，漏斗可以噴墨作防禦，因此牠們是科學家很棒的研究對象。

我們有時會稱頭足動物的腳為爪、觸鬚或觸手，這些相似但又不同的構造，是源自原始頭足動物經過長時間，腳部因為適應環境特化而成。八爪魚顧名思義有八隻爪，整條爪上都有吸盤。魷魚和墨魚有十隻臂[2]：包括八隻長有吸盤的爪，另外有兩條可以伸縮的特長觸手，而觸手只有靠近末端的位置有吸盤。牠們的吸盤形狀和大小亦各有不同，一些魷魚的吸盤演變成鋒利的鈎，可以將獵物抓得更緊。除了常見的章魚、墨魚和魷魚之外，頭足綱動物還包括鸚鵡螺和已經滅絕的菊石。

認識四種頭足動物

三心兩意又聰明的八爪魚

特徵：柔軟的身體能夠擠身非常狹窄的空間和通過窄縫；八條靈巧的爪若果斷了可以再生。最令人着迷之處是牠超凡的智慧和飄忽不定的性格，牠有 3 個心臟和 9 個腦，包括一個中央大腦，然後八隻爪各有一個相對原始的腦結構，難怪牠能夠輕易地解決科學家的智力遊戲！可是牠預測球賽結果的準確度則麻麻地。絕大多數的八爪魚是獨行俠，喜歡獨自「宅」在巢穴中，偶爾在海床散步。目前科學家已知大約有 300 個八爪魚種類，但仍不時在深海中發現新品種。

KOL：小飛象章魚

在 4000 米深海居住的小飛象章魚，是已知能棲息在最深處的章魚。牠天生有個相當可愛的卡通造型：黑油油轉動的大眼睛、皺巴巴的嘴，身體 30 厘米長，兩側有形狀如象耳的鰭，與動畫中的小飛象十分相似，因而得名。八隻爪之間長有蹼狀的薄膜，當所有爪向外撐開時看起來就像一朵雨傘。與大多數章魚不同，小飛象章魚不會噴墨，因為在這麼深的領域獵食者太少，少了噴墨自衛的需要，不太常用的墨囊便不知從哪時開始退化了。

趣味題(1)：以下何者喜歡吃香蕉？

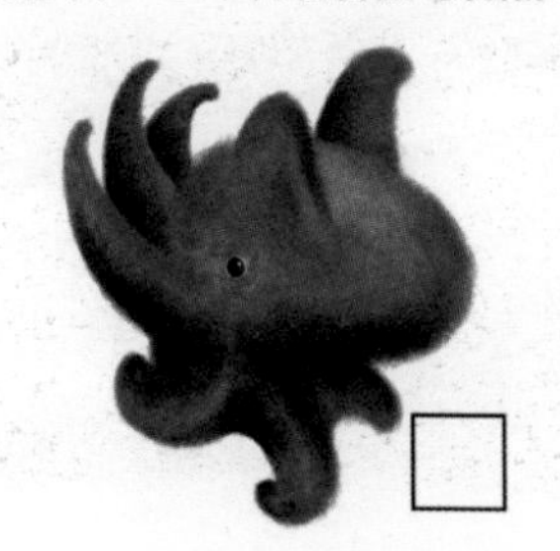

形象百變的墨魚

特徵：皮膚上的色素細胞好比高解像度顯示器，使身體能因應環境瞬間變出迷幻閃爍的圖案，偽裝能力遠勝陸上的變色龍。有扁平橢圓的墨魚骨幫助保持浮力，雖然行動緩慢，看起來又脹卜卜超可愛的，但牠們是專業的獵人。休息時，兩條觸手通常會夾在8隻手臂中。當有小魚或蝦毛在射程範圍內時，牠便將觸手對準獵物並以閃電的速度發射。在世界各地的熱帶和溫帶水域總共有超過 90 種墨魚，大多數棲息在 250 米以內的海底或岩石之間，少有生活在深海。

KOL：澳洲巨烏賊

生活在澳洲南部海岸 90 至 150 米之間的岩礁、海草床和沙泥海底，澳洲巨烏賊最長可達 50 厘米，體重超過 10 公斤，是體型最大的墨魚。好奇又友善的牠喜歡在潛水員面前模仿岩石、沙子或海藻。眼睛上方的皮膚組織長成兩三條粗短的「眼睫毛」。一天中牠只有 5% 的時間，主要在白天活動和覓食，其餘 95% 的時間都在休息，利用牠出神入化的偽裝術隱藏起來，躲避例如海豚和海獅等天敵。

趣味題(2)：請於2秒內找出澳洲巨烏賊

兇猛卻容易上當的魷魚

特徵：修長梭形[3]的身軀，頂部有兩片小鰭導航，底部能噴水的漏斗提升推進力，有助牠像魚雷般極快速地在海洋中穿梭，游泳速度是頭足綱中最快的。性格兇猛，捕獵時兩隻觸手永無虛發，得手後快速將仍在掙扎的獵物拉進嘴肢解。白天在深水中潛行，到晚上才升到海面覓食。因此漁民都在夜間捕撈牠們，在漁船上只需亮起白熾的燈光，便很容易吸引大群的魷魚將之一網打盡。在世界各地的珊瑚礁、遠洋帶和深海中總共有 300 多種魷魚。

KOL：吸血鬼烏賊

深血紅色的皮膚，八隻觸手之間有看似披肩的薄膜，觸手的尖刺狀如尖牙，牠因此被冠上吸血鬼烏賊這個嚇人的名字。事實上牠不會吸血，更一點殺傷力都沒有，住在深海的牠不捕獵，主要是吃海洋雪。身體佈滿發光器，遇到危險時不會噴墨，而是從觸手尖端射出一團生物發光黏液，可持續發光 10 分鐘轉移敵人的視線，讓自己有時間逃離。在頭足動物「族譜中」，不吸血的吸血鬼烏賊既非烏賊也非墨魚，牠嚴格來說算是章魚的堂叔輩。

趣味題(3)：以下何者害怕蒜頭？

鸚鵡螺

被稱為活化石的鸚鵡螺擁有堅硬的螺旋外殼[4]，牠雖然看起來像古代菊石，但是鸚鵡螺的身體不能縮入殼中，露出牠 90 多隻沒有吸盤的爪。牠能夠控制殼腔內的液體從而調節身體的浮力，能夠隨意在海中下潛或上升。牠愛生活在溫暖的水域中，但是大部分時間都在深海中度過。在白天，牠會隱藏在海平面下 2000 米的深處，當夜幕降臨時會浮上淺灘和暗礁之間尋找食物，到黎明時分再返回深海。與它們的疏堂親戚章魚不同，牠的記憶力並不太好，不過壽命是頭足動物中最長的，有些鸚鵡螺可以活到 20 歲以上。

趣味題(4)：以下何者爲鸚鵡螺之正確用法？

到這裡看小飛象章魚優雅的泳姿：

到這裡看迷幻閃爍的澳洲巨烏賊：

到這裡看正在吃魚的深海魷魚：

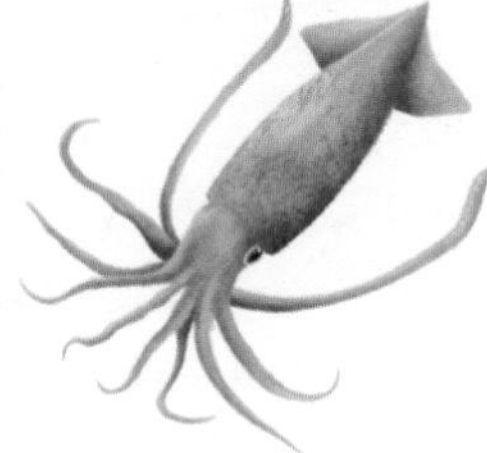

到這裡看更多鸚鵡螺資訊：

[1] 墨魚骨主要由石灰質，即是碳酸鈣組成。魷魚看似透明飲管的內殼則是甲殼素組成。

[2] 在生物分類學中，頭足綱動物之下，有分十腕總目與八腕總目，十腕總目即墨魚和魷魚；八腕總目即章魚。

[3] 長長兩端尖細，中間寬闊膨凸的形狀。

[4] 黃金比例的鸚鵡螺殼是對數螺線（Logarithmic spiral）最漂亮的數學例子之一。到這裡看神奇的對數螺線：

14 掉落在深海也有其用處

不論春夏秋冬海裏都是終年下雪，白皚皚蓬鬆的雪花徐徐落下到千米海底，聽起來頗有詩意吧。但是潛入水中仔細一看，你便會發現這並不是真正的雪。這些隨水飄落的東西，全是已經死去的生物、碎屑和糞便的混合物！

海洋雪

生活在海洋表層 200 米的浮游生物和藻類死去後，會慢慢降落到海底，就如枯葉因地心吸力飄落地面一樣。這些海洋雪還包括動物排泄物顆粒，和少量來自陸地經由大氣或河流掉進海裏的泥沙和塵土碎片。別當這些全都是垃圾，事實上，持續不斷沉降的海洋雪為海洋生物提供了珍貴的食物來源，碎屑中的有機物質在緩慢沉降的同時會被分解，形成的雪花顆粒若是較小的又會黏在一起形成大的顆粒。隨着時間推移，海洋雪的直徑可以由數百微米至數厘米不等。大小不一的雪花因重力下沉，速度可達每天百多米，也需要幾週時間才飄落到幾千米下的深海。

然而，大多數的海洋雪不會真的到達海底，而是在頭 1000 米的飄降過程中，被微生物、浮游動物和其它濾食性動物吃掉。與此同時，飄雪中的有機物質亦會被細菌降解，成為含碳、氮、磷等溶解分子。換言之，細菌將海洋雪大部分的營養歸還給海洋，讓浮游生物可以從海水攝取，重新將之利用以生長，完成物質的循環。科學家視細菌的循環工作為最重要生態作用，如果沒有這些降解細菌，海洋將會廢物遍野。

海洋雪餵飽許多中層帶的生物之後，可以落到深海帶的只所剩無幾。最後塵埃落定，成為海床表面的淤泥，便成為底棲生物的食物，作為深海生態系統的營養基礎。在這裏，海參、海膽和海星等動物發揮着重要作用，牠們被視為海底的清道夫，仔細篩選淤泥內的有機物來吃，進行最後的營養回收，幫忙清理海洋垃圾。

鯨落

體積細小的海洋雪每日滋養着海中的生命，而身為龐大的鯨魚死去後，也會成為許多其他生命的養分。生物學家稱鯨魚死亡後沉降，屍體墜落在深度超過 1000 米海底的過程為鯨落。流行曲中有用鯨落來比喻失戀的空虛、寂寞和淒涼的感覺，但是實際上，一尾鯨魚屍體可以孕育出一個複雜的生態系統，牠的死後 (afterlife) 可以說是十分多姿多彩和喧鬧。

鯨魚死亡，屍體腐化過程隨即開始，但是牠巨大的身軀在冷冷的海中並無法快速分解，最終會沉下去海床，以水作棺殮，化身別人的甜點。牠的身體富含油脂和蛋白質，是營養豐富的食物來源。相信牠也應該無須感概自己是孤獨地沉沒在大海了，因為牠將會獲得許多的愛！一副鯨魚軀殼忽然出現在荒蕪的深海，自然就成為了廣受歡迎、將會數十年不散的自助餐筵席。

掉落在深海的鯨魚絕對有其用處。第一批出現的食客是一眾食腐動物：太平洋睡鯊、盲鰻和外形似小蝦毛的端足目動物，牠們一起拼命的鋸鯨魚扒，每天可以吃掉 40 到 60 公斤鯨魚肉。但即使以這個速度，牠們也可能需時幾年才能吃掉鯨魚身上的軟組織。然後，這個鯨魚自助餐就進入第二階段，一群無脊椎動物加

最大的晚餐

入：甲殼動物、軟體動物和多毛類蠕蟲。 牠們會吃任何在「頭圍用膳完畢」剩下的東西，還有周圍充滿了鯨魚腐爛組織的淤泥。再過大概兩年後，自助餐的第三階段便開始，細菌在鯨魚骨上殖民，形成一層生物膜。它們將鯨骨中的油脂轉化為硫化氫氣體，這是一種對大多數生命來說是非常毒的物質，只讓能夠抵抗這毒氣的嗜硫細菌留低，並吸引以它們為食的青口、蜆、帽貝和海螺前來「開派對」。這班遲來的朋友在最後一刻留守，持續地吃也可以吃足幾十年甚至一百年，視乎鯨魚的大小。鯨骨上的臨時生態系統一直令科學家感到困惑，他們尚未清楚這些不同物種是如何找到鯨魚屍體。而在茫茫大海，牠們又是如何從別的地方來到這裏。

名不符實的喪屍：食骨蟲

科學家於 2002 年的一次鯨落觀察中，首次在 3000 米海底的一副腐爛灰鯨骸骨上發現食骨蟲。牠們平均 2 至 7 厘米長，底部有能夠抓住骨頭的根毛狀結構，用來吸收營養和排泄廢物。另一端有羽毛狀的結構充當腮的功能，能從海水中吸取氧氣。牠們在鯨骨上長得密密麻麻，遠看就似是一張粉紅色的地毯。

然而，牠是名不符實的食骨蟲，由於牠沒有口也沒有胃，所以不能自己直接「食」骨頭；牠需要從皮膚分泌一種酸去溶解鯨骨，打出一個個的洞，使骨頭釋放內部的油脂和骨膠原。食骨蟲透過皮膚吸收這些營養大分子，然後再讓住在體內的共生細菌消化，分解成更小的分子來供牠消耗。說起名不符實，食骨蟲有個兇猛的英文綽號叫「喪屍蟲」，可是牠不吃活人肉和人腦，只會「飲」溶解了的骨頭。

古代皇帝有後宮佳麗三千，雌性食骨蟲則會在自己的身體內建宮「收兵」逾百。科學家發現在鯨骨表面鑽探的都是清一色雌蟲，而體積細小很多很多，要用顯微鏡才能看到的雄蟲在雌蟲體內安身立足。過百隻的迷你雄蟲被當成是輸精工具，一輩子守在雌蟲卵子的旁邊任其差遣。

到這裏看鯨落：

說明：
1 鯨魚　2 青口　3 海螺　4 蜆　5 海參　6 盲鰻　7 食骨蟲　8 海洋雪
9 太平洋睡鯊　10 端足目動物　11 軟體動物　12 海膽　13 多毛類蠕蟲
14 甲殼動物　15 海星

15 超愛浸溫泉的生物

在海洋深處火山活躍的區域，有些海底裂縫會噴出如地獄般熱燙的海水。這些看似煙囪的怪物底下是海水與岩漿相遇的地方。冰冷的海水穿過地殼裂縫，直達熾熱的岩漿並加熱。俗語有云：任何事物跌到最低必將上升。海水受熱膨脹，然後再穿過裂縫噴發口升回海床上，噴出來的熱水溫度可達攝氏 400 度甚至更高。

地熱活動不但釋出熱能，還把儲藏在地殼下的化學元素釋放出來。岩層內的高溫引發化學反應，令各類金屬離子溶解到海水中，這些礦物質隨着超高溫的水上升到海床表面，遇上冷水便產生固體沉積物。隨着時間的累積，便形成了狀如大型煙囪群的深海海底熱泉。有些從海床高聳入「海」的煙囪高達 60 米，大概有 20 層樓高。當中有些被稱為「黑煙囪」，因為它噴出來的熱水內含有大量黑色的硫化鐵；另一些稱為「白煙囪」則會噴出富含鋇、鈣和矽等白色元素和化合物。這裏深度超過 3000 米，從噴發口噴出來的熱水並不會沸騰轉變成蒸汽，因為這裏的壓力比在海平面大至少 300 倍，令這些超熱水變成超臨界流體[1]。別以為在這種極端的條件下會「生態清零」沒有生命，科學家推測這奇特的海底熱泉已經存在 40 億年了。更有學說認為這處的化學、溫度和壓力組合與史前極端環境相似，很可能是生命起源[2]的地方。

撐起整個食物網的細菌

在淺海帶的海洋植物與藻類從陽光獲取能量，透過光合作用製造生命所需的葡萄糖。而在缺乏陽光的深淵下，海底熱泉有一個完全獨立又獨特的食物來源，一切要歸功於化能合成細菌。海底熱泉噴出來的硫化氫對地球上大多數生物是有毒的，但是硫化氫分子富含能量，一些住在噴發口周圍的嗜極端菌[3]就以這毒氣為食，透過將硫化氫氧化來產生能量，再用所獲得的化學能將二氧化碳和水合成葡萄糖，這個食物生產過程完全不靠「太陽能」。這些自給自足的細菌在熱燙的海水中欣欣向榮，然後被其他深海生物吃掉；某些細菌甚至可以寄宿在特定動物的身體內，以奇怪的方式互利共生。在漆黑一片的深淵，細菌作為食物網的生產者，支持着熱泉附近的所有生命：蠕蟲、蜆、青口、蝦、蟹和巨型管蟲等。這個喧囂和令人驚嘆的生態系統也會吸引其他深海獵食者，例如頭足動物、魚類和一些較大的甲殼類動物前來到訪。

不吃和不便便：巨型管蟲

在海底熱泉附近通常會有龐大的巨型管蟲群落，每條管蟲平均可以達到 2.4 米長，直徑約4厘米。白色的長管由甲殼素組成，而牠們最大的特徵是血紅色羽毛狀的鰓羽，凸出於管外過濾海水並吸收當中的氧氣、二氧化碳和硫化氫。那鮮艷的紅色來自一種特殊的血紅蛋白，能夠攜帶氧氣和硫化氫送往體內與牠們相依為命的共生細菌，再靠它們去生產能量及營養。成年巨型管蟲的嘴、消化系統與肛門均會退化，自始不吃和不排泄，儲存細菌的腸道會變成一個叫做滋養體的器官，而牠所需的「食物」完全由細菌創造和提供，牠們則讓細菌得到氧氣和安全的家作為回報。許多深海生物的生長速度都很慢，巨型管蟲卻生長得極快，兩年內就可以長 1.5 米。

終生不吃亦不大便，不必光顧外賣速遞及購買廁紙？

繪師的愛女伊貝，喜歡半夜叫醒繪師帶她大便。

到這裏看巨型管蟲：

有機農夫：基瓦多毛怪

基瓦多毛怪於 2005 年在復活節島以南 1500 公里的海底熱泉首次被發現，牠的外殼白如陶瓷，全身白到連雙眼也沒有色素，科學家因此相信牠是盲的。體長約 15 厘米，長長的大蟹鉗和腳都佈滿剛毛。因為外形似傳說中喜馬拉雅山上毛茸茸的雪人，所以便得到「雪人蟹」的綽號，這名稱聽起來反而比官方名字正經。海底熱泉外圍的水溫下跌得很快，基瓦多毛怪極之怕冷，遇到熱泉外圍冰冷的海水便會很快死亡。為了盡量接近熱泉，牠們會像疊羅漢般堆在一起，完全不顧社交距離，密度高達每平方米 600 隻蟹！牠們各自在這座「蟹山」尋找最佳位置爭取溫暖的水流。又會不停揮動蟹鉗實行「自己細菌自己種」，讓剛毛上的細菌吸收水中資源生長，方便隨時收割食用。

到這裏看雪人蟹吃細菌：

鐵甲奇俠：鱗角腹足蝸牛

外表似一隻穿山甲的鱗角腹足蝸牛於 2003 年首次被發現，能夠住在印度洋 2900 米深的海底熱泉，這種巨大壓力和高溫的地方，牠絕對是隻非比尋常的蝸牛。牠不需要進食維生，全賴牠在這艱難的環境中煉成了異常強大的心臟，為寄宿於體內食道腺的共生細菌提供氧氣和生產營養所需的原材料。蝸殼有三層結構，最外一層由硫化鐵組成。柔軟的身體和腹足上面也長了一片片含鐵量高的礦化鱗甲（因此牠又名鱗足螺），能夠承受巨大的撞擊，可以防禦獵食者和敵人，是名符其實的深海鐵甲奇俠！可惜即使牠有一身堅硬的盔甲，亦很難擺脫可能會滅絕的厄運：科學家已知牠們僅棲息在印度洋內幾個地點，有研究指出近年深海採礦活動威脅牠們的生存，現屬瀕危物種。

到這裏看鱗足螺：

[1]超臨界流體（ Supercritical Fluid ）是一種無法區分液態與氣態的物質狀態， 它兼具氣體與液體特性，例如氣體的壓縮性和液體的溶解能力。

[2]關於地球生命的起源有多種假說，「新陳代謝先起源」是其中之一。科學家在海底熱泉噴口發現能生成有機分子的礦物質，能催化氫和二氧化碳反應，形成細胞生長必需的有機分子。此外，噴口周圍亦有初始新陳代謝需要的所有條件。

[3]嗜極端菌(Extremophile)是可以在極端環境中生長繁殖的生物，包括能夠忍耐極低溫、極高溫，和耐壓的古菌與及細菌。

探索海底

16 潛水艇

還記得小時候浸泡泡浴時，你會拿什麼玩具放在浴缸中？把不同的物件放到水中，你會觀察到有一些會浮在水面，另一些則會沉在水底，亦有一些可以半浮半沉。輕的物件不一定會浮，而重的東西也未必會沉。玩具在浴缸內是浮或沉，視乎本身的密度。

如果用一個特殊的顯微鏡去看一顆石頭，你會見到構成石頭的分子緊密地擠在一起。再看看一塊木頭，你會見到木頭分子鬆散地分佈。密度就是分子在一件東西中擠在一起的緊密程度。分子有自己的質量，因此在同一個空間內愈多分子擠在一起，這個特定空間的質量便會愈大。用物理學的定義，把物件的質量除以體積，就計算得到密度。

密度 = 質量 ÷ 體積

同樣，我們把潛水艇的質量除以體積，便得出它的密度。密度決定了物件是浮還是沉：岩石、硬幣和鋼鐵等物質的密度比水高，所以它們會沉；木頭、西瓜和海綿等物件的密度比水低，所以會浮在水面上。許多空心的東西，例如車呔和皮球也會浮在水面，是因為空氣的密度低於水。這就解釋了，即使用鋼材製造的輪船和潛水艇雖然很重，但仍然可以浮在水面，因為船的內部有很多充滿空氣的空間。

顧名思義，潛水艇是一艘能夠潛入海面以下航行的船。那麼我們是如何控制潛水艇的浮沉呢？它有一個非常聰明的設計來控制浮沉。潛水艇的船身裡，有一個佔據相當大空間的壓艙。當這個壓艙是空的，就像充氣皮球一樣，把潛水艇浮在海面。

而當潛水艇要準備潛入海裡時，它需要增加自己的重量，從而增加密度。但是，在茫茫大海中，要為船身「增磅」可以有什麼方法呢？聰明的讀者一定猜得到：只要把壓艙的門打開引入海水就可以了。這樣，潛水艇的體積不變，但因為加上了海水的質量使密度增加。只要些微超過海水的密度，潛水艇就可以往下潛了。

來，動手 STEM

你可以在家裡做這個實驗，來了解潛水艇的壓艙如何運作：首先，把一個大湯碗注入八分滿的水。然後找一個空瓶子（例如已經吃完的果占瓶），把瓶蓋扭緊，再把瓶子放在水中。密封的瓶裡只有空氣，密度低，所以它會浮在水面。但是，如果把瓶蓋扭鬆，讓水走進瓶內，它就會下沉！入了水的瓶子變重，就像將水注入壓艙一樣，體積沒有變但質量大了，瓶子的密度高於水，它便向下沉到湯碗底。

整艘潛水艇的各部分都要很結實，才可以承受深海強大的水壓。船身亦必須密封得很好，不能讓水滲入。而潛水艇內的人需要呼吸，為了確保他們在水底探索時有足夠的空氣供應，船艙內會備有壓縮空氣。

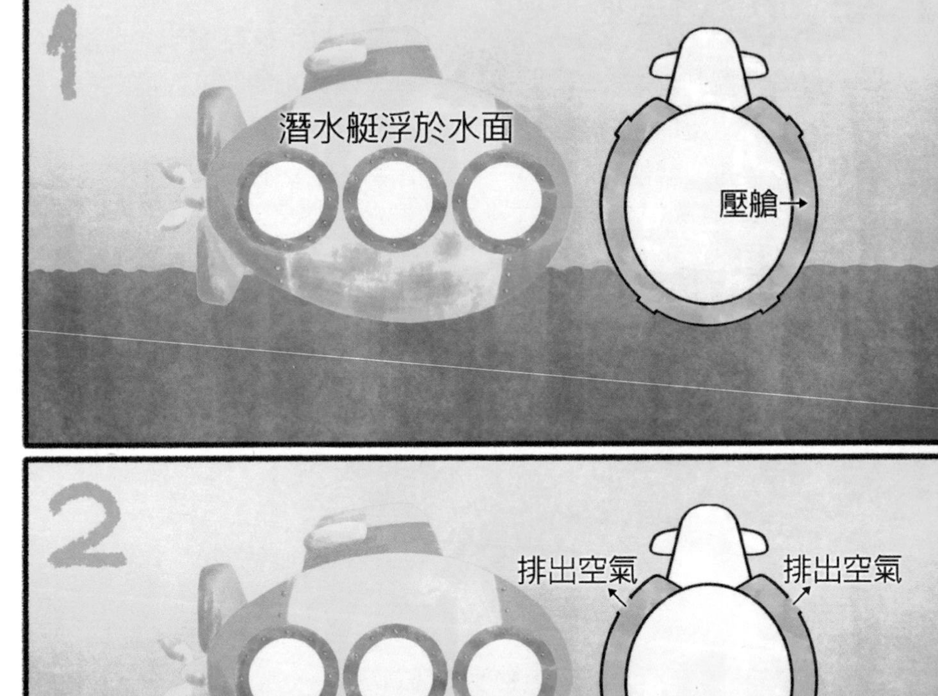
1
潛水艇浮於水面
壓艙

2
排出空氣
排出空氣
壓艙打開，海水流入

3
潛水艇下沉
壓艙的水增加
潛艇密度，
令潛艇下沉

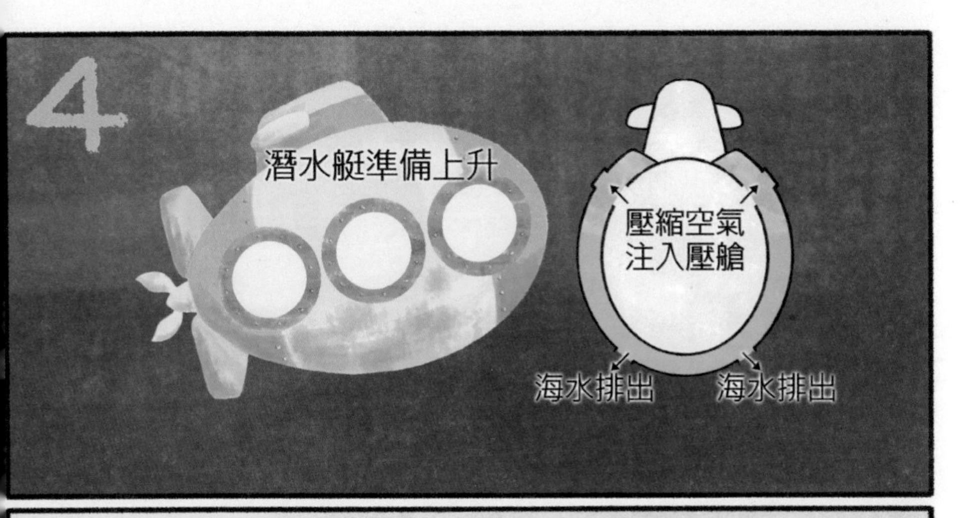
4
潛水艇準備上升
壓縮空氣
注入壓艙
海水排出
海水排出

5
潛水艇浮上水面
海水完全排出，密度降低，潛水艇浮上水面
We all live in a yellow submarine
Yellow submarine, yellow submarine
六十年代流行曲
這本書的讀者都是兒童，
不會有人明白妳的搞笑。

科學家會乘坐潛水艇到海底進行研究和偵測，去認識神秘的海底世界。他們發現了很多有趣的深海生物，包括水母、章魚、蟹……和許多我們以前從未見過的奇怪動物。但是，在潛水艇完成探索任務之後，它還需要做一件很重要的事，就是回程啊！

但此時潛水艇的密度比水高，怎樣才可以把它升回水面呢？還記得潛水艇內有壓縮空氣嗎？這些空氣儲備不僅用來讓船員呼吸，當潛水艇要準備回到水面時，壓縮空氣還能用來將壓艙充氣，把壓艙內的海水排出，潛水艇便會「輕磅」了能浮回水面。這是一個非常聰明控制浮沉的方法啊！

潛水艇的眼睛

潛望鏡是潛水艇必備的光學儀器，它就像潛水艇的眼睛，幫助在水平面以下的人觀察水面上的動靜。

潛望鏡運作原理

從潛望鏡底部的窗口望進去，會見到原本在上方位置才能看見的事物。光是直線前進的，當碰到鏡子便會反射。潛望鏡是由兩塊相對但傾斜 45° 的平面鏡組成，讓光經過潛望鏡管內的兩次反射後，令影像進入我們的眼中。光線以 45° 的角度射向潛望鏡頂部的鏡子，便會以相同的角度反射，並到達潛望鏡底部的鏡子，而它也是 45° 傾斜，因此便可將光反射到我們的眼睛。

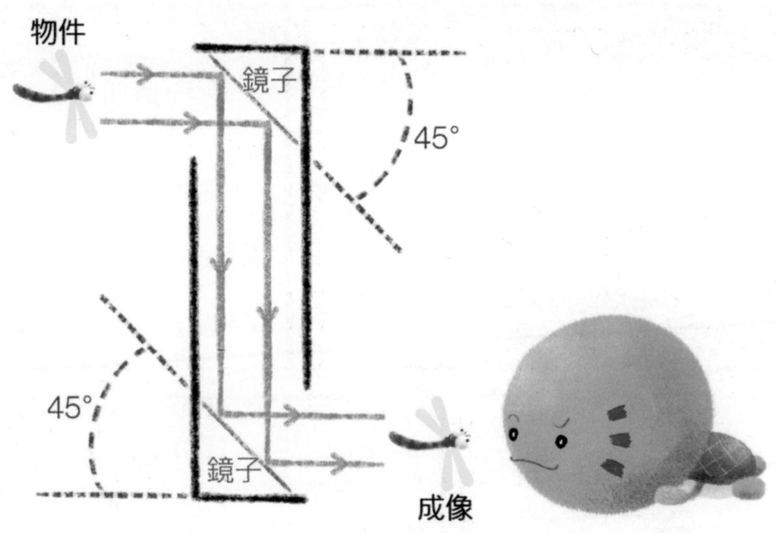

以 45° 放置鏡子很重要，因為光線總是以相同的角度從鏡子反射出去。

來，動手 STEM：潛望鏡

難度：☆☆☆

你可以準備下列材料，親自製作一個潛望鏡。

說明書

材料：

大人	1 位 (因為要用鎅刀，找大人來操刀會好一點)
鎅刀	1 把
1 升牛奶/果汁紙盒	2 個
小型平面鏡	2 塊 (一邊長小於 9 厘米)
間尺	1 把
Marker筆	1 支
鉸剪	1 把
膠紙	1 卷

材料：

- 鎅刀（要在大人的輔助下使用）
- 1 升牛奶或果汁紙盒x2
- 小型平面鏡x2（一邊長小於9厘米
- 間尺
- Marker筆
- 剪刀
- 膠紙

以鎅刀切去紙盒頂部，然後以marker筆在紙盒下方畫一個邊長5厘米的正方形，這是潛望鏡的窗口。

以鎅刀小心地沿著窗口的一邊切開，其餘三邊可以用剪刀剪開。

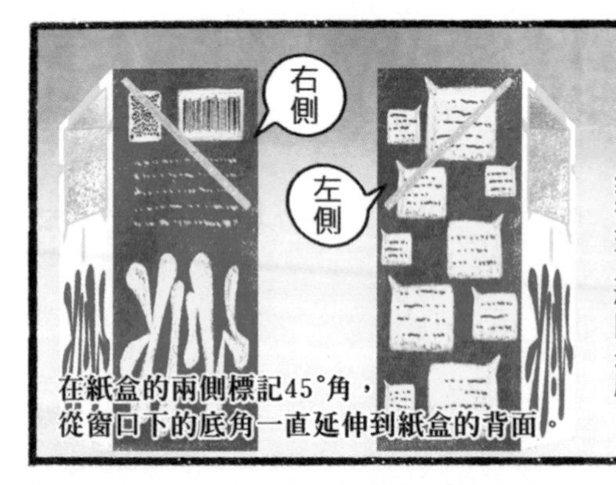

在紙盒的兩側標記45°角，從窗口下的底角一直延伸到紙盒的背面。

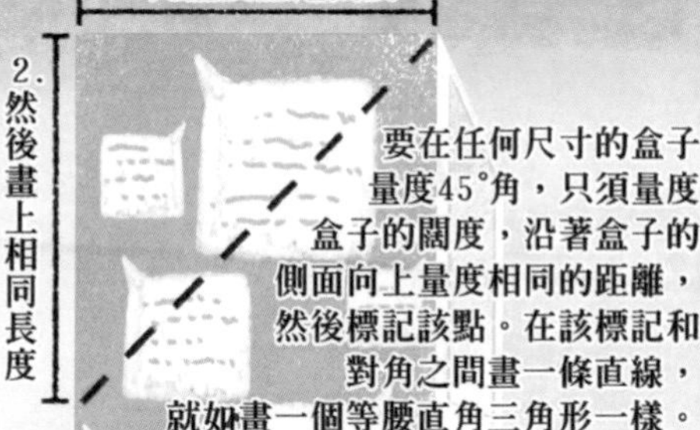

要在任何尺寸的盒子量度45°角，只須量度盒子的闊度，沿著盒子的側面向上量度相同的距離，然後標記該點。在該標記和對角之間畫一條直線，就如畫一個等腰直角三角形一樣。

沿着這條線，在紙盒兩側鎅開一個縫，切口要與鏡子的一邊一樣長。

將鏡子插入狹縫，鏡面朝向窗口。如果鏡子很厚，便用鎅刀加闊切口，最後用膠紙將鏡子位置固定。

合體
用第二個紙盒，
重複以上步驟，
將兩個改裝好的紙盒
套在一起。
潛望鏡大功告成！

竊竊私語
竊竊私語

你們做得如何？

轉轉轉
今時今日有航拍機或網絡攝影機，根本就不必自製潛望鏡。

在日常生活中曾經應用過的潛望鏡

在不久以前……其實也已經是上世紀的事情了，本地的雙層巴士亦有應用潛望鏡的原理。在上層前排右邊的角落設有一塊凸面鏡（它比較平面鏡有什麼優點？），下層的車長可以透過駕駛座位上方的探孔望上去，就能觀察上層車廂的情況。不過，這種潛望鏡並不能夠全面覆蓋整個上層車廂，因此，近代的巴士已經安裝了閉路電視來取代潛望鏡。

如今，最先進的潛水艇都用了「光電船桅」來取代傳統的潛望鏡。它其實是一支安裝了光電子學攝影機的桅杆，能夠拍下高清畫面，顯示在控制室內的大屏幕上。這除了省卻以往在船艙內安裝潛望鏡管的空間之餘，更避免了因為舊式潛望鏡損壞時的漏水風險。

動腦筋

- 怎樣可以用潛望鏡來看到你後方的事物？
- 如果你造了一支很長的潛望鏡，你所能見的影像會變得很細小。你會用什麼辦法來放大影像呢？

Milk
Milk

17 潛水器與烏龜

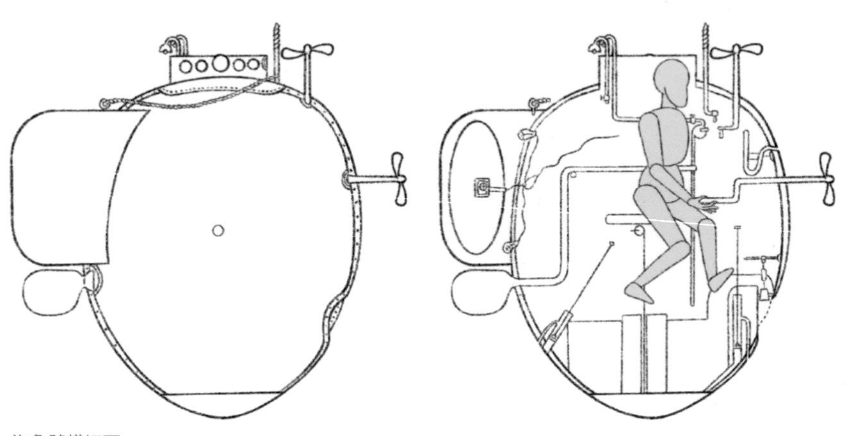

海龜號橫切面

電影中的潛水艇，大部分都是出現在緊張的戰爭場面。它體型巨大，能承載百多個軍人。流線外型的船身用高強度合金鋼建造、核能驅動，就如一個嚇人的水底大海怪。但是，世界上第一個軍用潛水艇，只是個用熟鐵製造，體積小得只可以容納一個軍人的小型潛艇。它的外型看上去恍如兩隻互相抱住的烏龜，因此被命名為海龜號。以現在的眼光來看它的「造型」其實也頗滑稽！但它有個重要的創新設計：就是首次用上螺旋槳的推進技術，這是當時前所未有的。用海龜來形容這小潛艇也很貼切，因為它是靠人力手動螺旋槳，所以行動相當緩慢。

如你想向前進就先要向後推

你知道風扇與海龜號有何共同之處嗎？答案就是螺旋槳。風扇的扇葉把涼風吹出來的原理，與螺旋槳推動海龜號相似（但當然小潛艇並不是用來搧涼的！）。根據牛頓第三運動定律 —— 作用力與反作用力定律，走路時，你的腳掌要在地上向後蹬，地面便會把你推向前。而螺旋槳也應用了牛頓第三定律，因為它是靠向後拋出大量的水來推動海龜號向前進。那麼螺旋槳是如何運作的呢？

海中的翅膀 —— 螺旋槳的原理

螺旋槳在日常中有許多種用途，例如風力發電機、飛機、遙控無人機，當然還有快艇和氣墊船等。要了解螺旋槳如何運作，首先要明白飛機翼的原理。從側面望飛機，會見到機翼是彎曲的。當飛機向前移動時，機翼的上方和下方會產生氣流速度差異。即是說，空氣粒子經過機翼上方的速度較經過機翼下方快，形成壓力差，因此產生把機翼向上推的升力，幫助飛機飛起。

相信你也有玩過竹蜻蜓吧，竹籤頂部連著兩片形狀像飛機翼的螺旋槳葉。當我們搓手掌將竹蜻蜓旋轉，這就好比旋轉的飛機翼，令氣流經過螺旋槳葉產生升力，因此竹蜻蜓就能飛起。

同樣的原理也適用在水中的海龜號。當螺旋槳轉動時，便會令水流穿過槳葉，從而推動小潛艇。螺旋槳將旋轉動力轉換為直線推力，因為螺旋槳軸是水平轉動，便會產生使海龜號向前進的推力。換句話說，只要反轉螺旋槳軸的轉動方向，所產生的力就會將海龜號向後拉。

用在科研的潛水器

潛水器泛指在水下操作的小型交通工具，體型比較潛水艇細小。通常需要其他船隻支持，例如是由一艘較大的船舶將潛水器運送到海中心，潛水器再從水面下潛前往勘探。類型包括有人駕駛和遙遠控制；用途也很廣泛，例如進行海洋學研究、水底考古、海洋資源勘探、水底攝影等。

1986年，美國阿爾文號潛水器（*Alvin*）搭載3名科學家下潛到3.8 公里的深海，探索於 1912 年因為撞上冰山而在北大西洋沉沒的鐵達尼號殘骸。它還帶著一艘名為小傑森（*Jason Jr.*）的遙控潛水器，靠一條 91 米長的光纖電纜連接。小傑森由阿爾文號的船員遙遠控制，進入沉船殘骸內的狹窄區域進行拍攝。

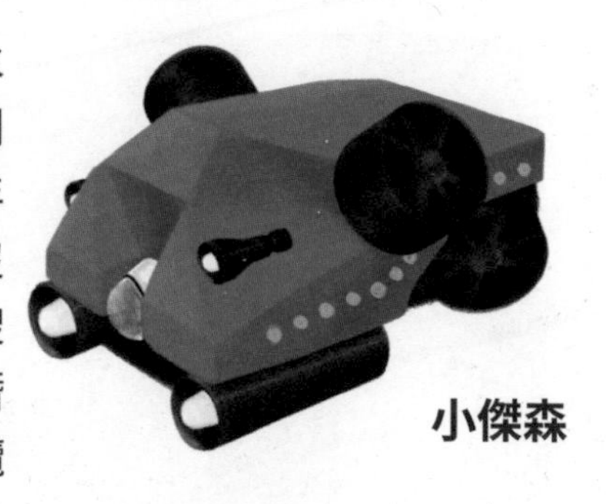

小傑森

蛟龍號

2013年，中國蛟龍號潛水器搭載了香港浸會大學的邱建文教授和一位潛水員，到達南海一處1300米深的冷泉考察及拍攝。邱教授是本港首名潛入深海考察的科學家，他採集了一些深海生物樣本回來研究，意外發現一種從未見過的多毛綱生物。蛟龍號的設計可下潛深度為7000米。

來拍即影即有吧！
我不拍了。
預備……

噗—
合上
嚇！
噹！
抱住
啪嚓
海龜號完成的瞬間。

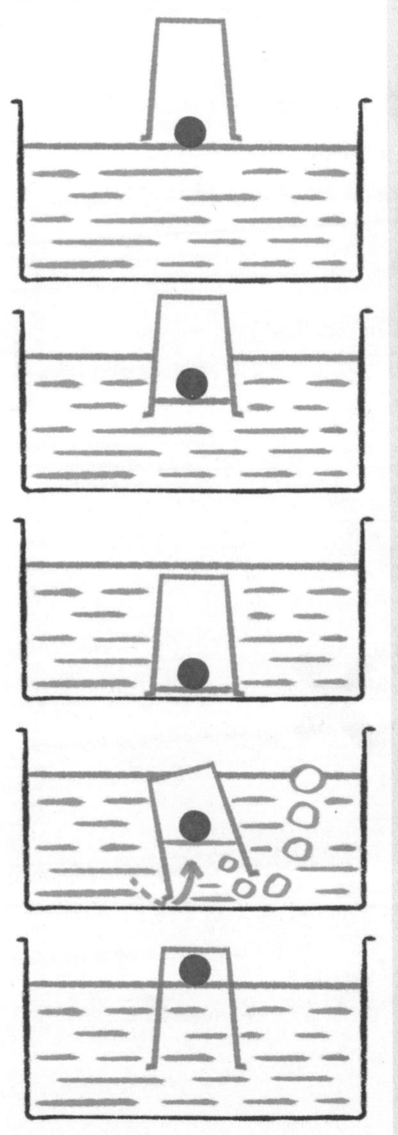

來，動手 STEM：潛水鐘

難度：☆

又來到動手做實驗的時間了！所需材料有一個透明膠箱、一個玻璃杯和一個乒乓球。首先，找一位大人來將膠箱注入半滿的水(因為是大人負責交水費，所以讓他們一起來做實驗，這樣用水感覺比較划算！)，把乒乓球放在水面。然後把杯倒轉罩著乒乓球，再慢慢把杯往下壓。你會看見乒乓球被推到膠箱底部，而水並不能進入杯內，原因是杯內充滿了空氣。嚴格來說，這杯子並不是「空」的，因為有空氣佔據着杯內所有空間。

空氣佔據空間

如果將壓在水底的杯傾側，有些空氣會從杯中溢出，形成氣泡離開。這樣，杯內才有空間讓水進入。

大氣壓力是一種相當大的力量，但是我們日常很少留意到，因為空氣在四面八方對我們的身上施加壓力，而我們身體的各個部位，例如耳朵、鼻子、肺和胃也有空氣。身體對大氣施加同等的的壓力，這樣，大氣壓力和體內存在的氣壓相互抵消。因此我們不會被大氣壓扁。實驗中，玻璃杯內的空氣同樣處於大氣壓，當您將玻璃杯倒轉放入水中時，杯裡面的空氣會對水施加壓力，以防止水進入。

不是用來計時的潛水「鐘」

潛水鐘依靠和以上實驗相同的概念，運送潛水員到海底：空氣的壓力使海水無法進入潛水鐘內部。

據記載，第一個潛水設備是一個簡單的大型木鐘罩，可以運載潛水員進入水底工作。潛水鐘充當了「流動大氣層」，容許潛水員如在水面一樣容易地呼吸。潛水鐘頂部密閉，底部是打開的，讓潛水員閉氣短暫離開到海床工作，並能返回吸氣。一旦潛水鐘內有太多二氧化碳，潛水員便必須返回水面。潛水鐘頂部可以加裝軟管，連接到水面上，允許新鮮空氣進入鐘罩內，延長潛水員在水下的工作時間。

木製的潛水鐘密度低，加上中空的設計，會令它浮於水面。因此，潛水鐘的低部需要裝配足夠重的壓載物（例如鐵球），使它慢慢下沉到海床。潛水鐘本身並無動力，無法自行上浮，要靠水面船隻或岸上吊架的幫助，靠索鏈把它從水底吊上來。

為潛水鐘提供空氣
出氣管
座位
加重

18 潛水員貓行

若果你想探索大海，潛水是個不錯的選擇。

但是我們並不是天生便懂得潛水，一個普通人如果閉氣淺潛，最多只可以維持兩分鐘左右便需要浮回水面換氣，否則大腦就很可能會因為缺氧而受損。假若你戴上潛水次鏡和呼吸管，這樣換氣便容易一點。但問題是，呼吸管一般都只得 30 厘米，這意味著你其實不可以下潛得太深。

自古至今，人們一直嘗試為潛水員發明各款潛水裝備與服飾。工欲善其事，必先利其器。讓我幫助你挑選適合你的潛水裝備。請先來觀看一場潛水（時）裝表演：幾位模特兒在虛擬天橋上行貓步，演繹四位設計師的創意和理念。除了穩重踏實的盔甲，還有瀟灑貼身的禦寒衣，更有卡娃伊的卡通人物套裝。令潛水裝更添時尚之餘，亦能抵住水下的壓力，保護潛水員的身體。各種不同的設計，必定會有一款迎合到你的風格。

潛水員貓行

首先有復刻二十世紀五十年代的標準潛水衣，它以沉實和原始的設計見稱。模特兒遠看似個太空人，因為他戴了個又圓又大、由黃銅製造的頭盔。銅頭盔接駁了通往船上的軟管，船員需要不斷用手動泵把空氣送到頭盔裡，以讓你能呼吸新鮮的空氣（如果軟管沒有打結的話），而你可

以下潛的深度便取決於這條軟管有多長。這系列潛水衣選用堅韌耐磨的厚帆布，表面塗上一層防水橡膠。其他裝備還包括抵消浮力，掛在胸前和背部的鉛製配重。還有展現男士穩重踏實氣質的鉛靴，幫助你在水下工作時保持直立，可以想像這身沉重的造型有多「舒適」！

第二套潛水衣是由才華橫溢的達文西發明，以偷襲敵艦船身的忍者為設計理念。這套用豬皮作為主調的裝束不乏創新，套在潛水員頭上的豬皮面罩連護目鏡，鼻子的位置有兩支竹管，另一端連接到浮在水上的潛水鐘，提供空氣給水下的潛水員。竹管有鋼環保護，以防止它被水壓壓壞。達文西為這套潛水衣塑造了現代和簡約的美學，衫身有個配有閥門操作、可以充空氣和放氣的小袋，因此潛水員可以更容易地控制浮沉。此外，它還包括一個供小便用的尿袋（不是用來為手提電話叉電那種！），讓潛水員可以長時間在水下工作，這真是個非常貼心的設計！

下一套的潛水裝是走大眾化路線的水肺裝備，據說設計師是受到達文西的啟發，所以發明了這個簡稱「水肺」的水底呼吸系統，廣受專業的技術潛水員和業餘的休閒潛水員歡迎。水肺其實是個便攜式氣樽（主要是氧氣和氮氣的混合氣體）與可以揹上的水下呼吸系統（SCUBA）[1]。配搭潛水鏡令視野更清楚，呼吸管是在接近水面時用的。防水橡膠布料

[1] SCUBA 是自給式水下呼吸器 Self-Contained Underwater Breathing Apparatus 的縮寫

立體剪裁，瀟灑輕型而且非常舒適。潛水衫有分乾濕兩類，適合冷熱不同環境。多種顏色選擇的配重腰帶和蛙鞋，方便配襯顯示你獨特的個性。這套裝備能讓你下潛到 50 米的水深……請等等，你須要先考獲潛水執照啊！

第四位模特兒正在展示稱為「小熊維尼潛水裝」（大概是因為它的大頭吧……）的深海潛水裝備。它的正式名稱叫大氣壓潛水服，因為它內部的壓力與正常氣壓相同，你可以在裡面如平時一樣正常呼吸。強化透明玻璃纖維圓頂確保清晰廣闊的視野，超長電線用來連接水面船隻的電源。鋁合金度身訂造，關節靈活，這款套裝好比一個能穿上身的潛水器，可以到達 500 米或更深的地方。它內置六小時的空氣供應，絕對能令你安心出海下潛，進行科學探索、尋找沉沒的寶藏。而一雙遙控手可以安裝各種工具，例如小刀或士巴拿，方便你執行水底的維修工作。

可怕的潛水夫病

潛水員長時間深潛後，如果太急速浮上水面，他們可能會得到俗稱潛水夫病的減壓症。

潛水員潛水時，由於海水有重量，在他身上的壓力會增加。水肺裝備的壓縮氣體需要有同樣大的壓力，來供應潛水員呼吸。隨著壓力增加，身體會吸入額外的氣體(主要是氧氣和氮氣)，令更多氣體溶在血液中。如果潛水員太急速游回水面，他身體周圍的壓力突然降低，使溶解在血液中的氮氣(氧氣被身體用了)形成氣泡。上浮的速度愈快，患上減壓症的風險便愈高。

根據亨利定律，當壓力降低，能溶解在液體中的氣體量會減少。這就像打開一瓶汽水一樣，你會聽到氣體溢出的聲音，還會看到氣泡在汽水中形成。瓶內的二氧化碳原先是用高壓注入汽水中，當打開瓶蓋時，由於瓶內壓力突然變低，溶在汽水中的二氧化碳氣體因此釋放出來。同樣地，當身體曝露在急降的氣壓下(例如飛機在高空失控減壓)，溶解在血液內的氣體就會突然釋出，形成氣泡，導致關節痛的症狀。如果氣泡在大腦或脊椎產生則可能致命。

患上減壓症的潛水員需要在再壓室中接受「再壓」治療：透過升高壓力將氣體溶解在血液中，然後從肺部呼出，過一段時間後身體才會回復到正常的壓力。

來，動手 STEM：汽水樽內的潛水員

難度：☆☆

所需材料：

大頭針或剪刀

水杯

水

3 個魚仔豉油樽

2 公升汽水膠樽

油性墨水筆

以大頭針或剪刀於每個魚仔豉油樽蓋開一個洞。

2.以油性墨水筆將魚仔標記編號1至3。

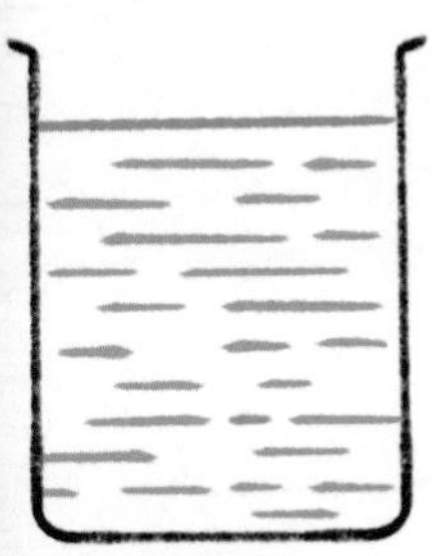

將水杯裝滿水。

4.擠壓魚仔吸水或放水，直到魚仔剛剛好能浮在水面，盡量使3個魚仔中的水容量相等。

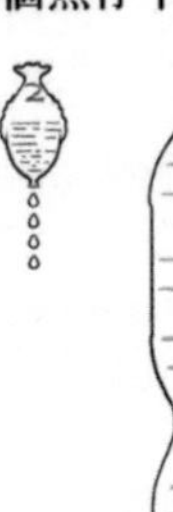

將膠樽裝滿水，放入1號魚仔。然後從2號魚仔中擠出4滴水，並將它放入樽內。接着，從3號魚仔中擠出6滴水並放入樽內。

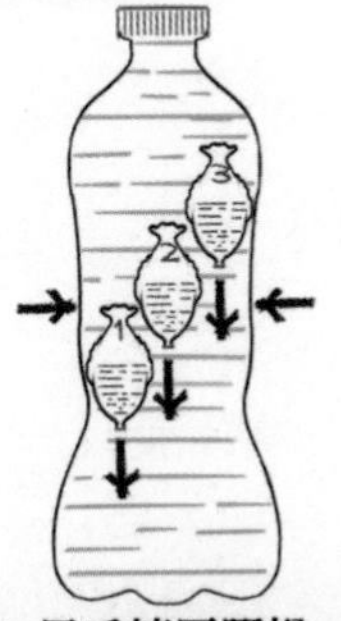

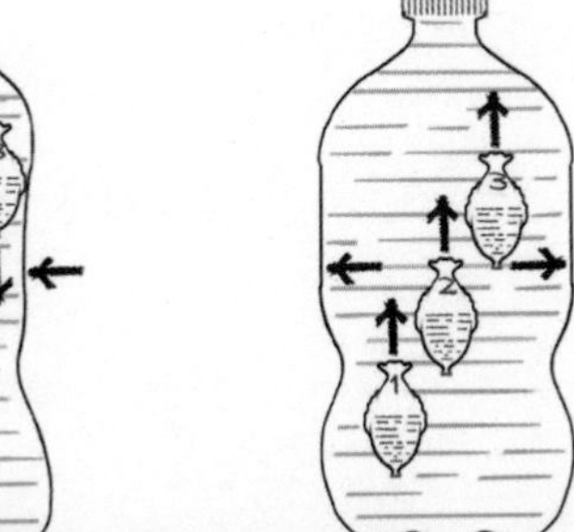

扭緊膠樽蓋。

7.用手擠壓膠樽，觀察「魚仔潛水員」逐一下沉。然後慢慢將手鬆開，觀察潛水員逐一浮回頂部。

為什麼魚仔會逐一沉或浮呢？為什麼要將魚仔豉油樽蓋開洞，而不是直接扭開樽蓋？當你用手擠壓膠樽，會見到潛水員（魚仔豉油樽）內的水位上升，因為壓力使空氣壓縮成更小的空間，令更多水可以進入魚仔。潛水員的體重增加，密度高了所以下沉。當你鬆開手時，魚仔內回復正常壓力，魚仔內的空氣膨脹將水擠出，密度降低了所以浮到頂部。開了洞的魚仔豉油樽蓋能穩定魚仔的重心，使樽口保持向下。

19 聲納探測

聲納[1]是一種聲學探測裝置，原理是由聲納儀器發出聲波訊號，當聲波碰到海床或障礙物後反彈回來，然後由接收器探測這個回音；只要準確量度聲波一來一回的所需時間，儀器便能計算出與海床或水中物體之間的距離。自1906年聲納發明以來，便經常用來探測淹沒在水中的物體。海洋學家應用聲納來定位洋脊、海溝和海山，以測繪海底地圖。

如何用回音找到沉船的位置？

在鐵達尼號沉船上方的水面船隻的聲納儀器向海床發射聲波，儀器探測到這聲波與它的回音訊號相隔時間是5秒。要計算沉船所在的深度，便需要知道聲音的速度。我們已知水中的平均音速為每秒1500米[2]，因此聲波在水中走過的距離是：

1500米/秒 × 5秒 = 7500米

然後我們將這個距離除以2，就得出沉船的深度是3750米。

除了科研與軍事應用外，漁船亦可以用聲納來尋找海中的魚群，甚至能夠判斷魚的類型和牠們的大小。

動腦筋：

你知道有什麼動物會靠回音去捕獵和「導航」的呢？

[1] 聲納（SONAR）的英文全稱是 Sound Navigation And Ranging，中文譯名為聲音導航與測距。
[2] 冷知識：聲音在水中傳播的速度比在空氣中快五倍。

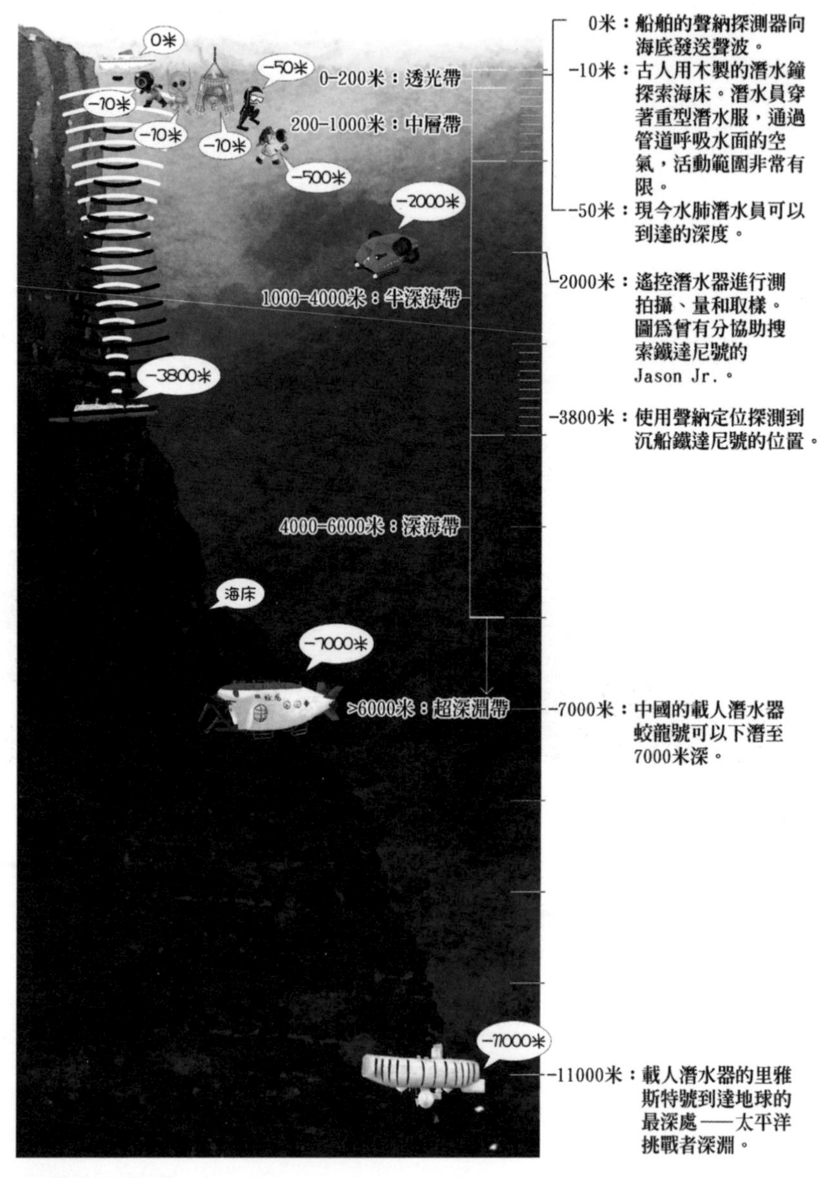

資訊圖表 - 海洋探索

科技讓我們能夠探索海洋越來越深的地方。

海洋的未來

20 海中寶藏

你有沒有幻想過去掠奪沉船，試一次「奪寶奇兵」深海版？

在海底的舊沉船可能有許多金銀珠寶和貴重財物。考古專家可以用先進的裝備潛入水中拍攝，發現沉沒的寶藏並將之打撈到海面。在淺水海域他們可以用水肺潛水考察，如果是較深的位置潛水員隻身不能到達的地方，則可以利用聲納和激光雷達[1]定位，再配合載人潛水器和遙控潛水器來找水下的沉船。

海底散落着數以百萬計因海難甚至是戰爭而破損沉沒的船隻殘骸，但是我們只知道當中極小部分的位置。除此之外，我想讀者都聽聞過航空客機失蹤事件。人們花費大量金錢、人力，還有各種探測工具，試圖找回這些丟失了的船和飛機，但是大部份都沒有尋獲。現今科技那麼先進，怎麼可能找不到？

這是因為海洋真的很大[2]。

撇除那些丟失在海中的寶物，海洋本身確實擁有許多寶貴資源。一直以來人類就不斷地大規模掠奪海洋中的食物、礦物和能源。然而，在我們不太完全認識海洋的時候，我們對這些自然資源的耗用正造成深遠的影響。具破壞性的捕魚方法：拖網捕撈、魚炮以及山埃捕魚已經存在了很久，對海洋生態系統造成極巨大的破壞。受影響的並不限於漁民的目標食用魚類，破壞性捕魚還會令棲息地喪失，例如珊瑚礁。魚炮的威力廣泛地摧毀物種原本可以生存和繁衍的棲息地，海水中殘留的山埃更可以毒死珊瑚、魚類，以及其他的物種，包括牠們的卵和幼蟲。最終物種數目下降甚至滅絕，導致漁業崩潰的惡果。

過度捕撈使近岸的物種減少，人類開始往較深處捕魚。前文介紹過的大西洋胸棘鯛，牠在 200 - 1800 米之間的深海生活，長大約半米，重 2 公斤。於 1970 年代開始在澳洲和新西蘭對開的海域被商業捕撈。初時，人們對牠的特性知之甚少，只知道牠味道非常好，銷路亦很不錯。直到 1990 年代末，生物學家已經有足夠證據確定牠的生長速度非常緩慢。魚標本耳骨上的年輪顯示牠們許多都超過 200 歲。以往人們還以為這種魚只活 30 年，而今，生物學家發現牠們原來要長到30歲才成熟，並且不會每年繁殖。可惜由於過度捕撈，大西洋胸棘鯛數量迅速下降，並已被國際自然保護聯盟列為易危物種。除此之外，別忘了廣受歡迎的吞拿魚也早已是過度捕撈的受害者之一。

與此同時，我們一直把各種垃圾扔進海中，家居和工業污水和廢物，甚至是被廢棄的軍用彈藥。人類曾經以為遙遠的深海是用來傾倒廢物的垃圾場，可以吸納無限量的放射性廢物，還有我們以為無害的手套和針筒等醫療廢物。據報每年有數以百萬噸計的塑膠掉進海洋，其中有不少被魚類和許多海洋生物誤當成食物，科學家現正著手研究牠們每年吞食了多少塑膠。此外，塑膠垃圾在海中會風化和降解，變成越來越小的碎片，然後分解成微膠粒，最終它們都會以某種方式進入食物鏈，從而危害其他物種。人類各種活動對海洋生態的傷害有據可查，而在環境中累積下來的微膠粒帶來的潛在危害尚待更多的研究。但是，我想這些

說明：

1. 鱟　　2. 海膽　　3. 翻車魚　　4. 水母
5. 海馬　　6. 鯨鯊　　7. 蛇頸龍　　8. 小丑魚
9. 穴口奇棘魚　　10. 章魚　　11. 一角鯨　　12. 葉吻銀鮫
13. 皇帝企鵝　　14. 海獅　　15. 皇帶魚　　16. 錘頭雙髻鯊
17. 儒艮　　18. 三葉蟲　　19. 龍蝦　　20. 蘇眉
21. 海獺　　22. 捕食海鞘　　23. 珊瑚　　24. 海兔
25. 花園鰻　　26. 魟魚　　27. 吻鱸　　28. 河豚
29. 奇蝦　　30. 蜆　　31. 怪誕蟲　　32. 海蜘蛛
33. 乒乓球樹海棉　　34. Karen博士 (作者)　　35. 大龜
36. 細龜　　37. Turkey　　38. 蟻仔阿 sir (繪師)

不必要的「添加劑」，大家都不希望吃進肚子的。

目前，科學家大概認識海洋表面還不到百分之十。地球只得一個，地球大洋[3]也只得一個。這個浩瀚大海到底如何運作，還有很多生命的奧秘和知識留待我們發現。

海中最大的寶藏就是海洋本身。我們應該如何好好了解和保護它呢？

[1] 激光雷達（LiDAR）的英文全稱是 Light Detection And Ranging，它的原理跟聲納和雷達相似，都是憑測量發出和接收回來的脈衝信號的時間間隔來計算物體的距離。聲納用聲波，雷達用無線電波。顧名思義，激光雷達就是用激光。

[2] 透過衛星從地球表面約一百多公里的高度測量，測繪出的海底地圖的解像度約為 1 公里，並不足以讓我們看到像飛機這般小的物件。若是靠海面船隻或深潛器上的聲納和激光雷達去測量，解像度介乎 50 到 100 米之間，仍不足夠讓我們看見長度不及40米的空中巴士。

[3] 全世界的「五大洋」，即太平洋、大西洋、印度洋、北冰洋和南冰洋是連接在一起的，地球大洋就是將它們視為統一的水體系統的概念。

21 太平洋深度遊

09:00 ; 0m

各位女士、先生早晨，我是你的船長 Karen，歡迎乘搭極度潛行公司的 DS896 航班，參加今日的太平洋深度遊。我將會帶領大家在 4 小時 15 分鐘後抵達馬里亞納海溝 —— 目前已知地球最深的海底領域。整個旅程來回所需時間為 8 小時，今天天氣晴朗，沿途海況良好。坐下時我建議你戴好安全帶，以防出現意外的湍流。今天負責客艙的，有我們漂亮的船艙客務經理大龜，她和她的團隊將在潛行期間照顧你的安全和舒適。稍後，我們將向你播放本潛艇的安全示範短片，多謝留意。

現在，請各位坐好並扣好安全帶，潛艇現正靠遊輪的吊臂降落海面，準備出發。旅途中我會向你提供最新的海洋資訊，請放鬆並享受潛行。再次感謝你乘坐本航班。

9:20 ; -3m

潛艇壓載艙剛剛注滿了水，開始慢慢下潛。請大家安坐在自己的座位，你可以透過強化水晶玻璃窗觀賞船艙外風景。

9:25 ; -20m

我們現在身處的地方是航程中第一個景點：透光帶，這是陽光能照射到的區域，位於海平面至海面以下 200 米，這深度大約相等於兩個標準足球場的長度。因為有陽光，海水溫暖，植物可以在這裡生長和進行光合作用，亦因此有大量生物：水母、海豹、吞拿魚、鯊魚、海龜，還有海藻、珊瑚、海葵……的確是個令人嚮往的渡假勝地。請大家望向潛艇的右邊，有兩隻海豚正在與我們打招呼！呀，是說再見才對，因為我們要把握時間繼續往下潛了。

10:00 ; -201m

現在是關島時間上午 10 點正，潛艇外昏暗的光線表示我們已經到達第二個景點：暮光帶 —— 在海平面下 200 米至 1000 米之間的區域。一千米比世界最高的摩天大廈還要高！陽光雖然有時會照到這裡，但光線實在太暗，所以植物無法生長。但是，這個區域仍有不少動物，例如蝦、墨魚、皺鰓鯊和劍魚等。因為光線太暗，要在不用閃光燈的情況下拍攝窗外生物，或與牠們自拍其實頗困難。因此我們會在這區域多留 10 分鐘，讓大家有多一點時間觀賞牠們，把親眼看見的畫面記在腦海中。

11:05 ; -1100m

現在時間是下午 11 點 05 分，我們已經到達海面以下超過 1000 米的半深海帶。這位置真的太深了，陽光永遠無法到達，所以是完全漆黑的。在我開著潛艇前方的射燈繼續下潛之前，大家可以留意一下窗外有幾條非常有趣、發出一閃一閃藍光的鮟鱇魚。除了牠以外，這一帶還有其他長相奇異的生物，能夠適應深海的黑暗和巨大壓力。例如有巨型的大王魷魚，和其貌不揚的水滴魚。

目前我們還未見到海洋的最底部，潛艇將會繼續下潛。艙務經理大龜現正為各位送上本公司獨有的深海鹽雞尾酒，請慢慢品嚐。

12:25 ; -4100m

來到距離水面四千多米的深淵帶。這裡的水溫接近冰點，只有少數動物能夠住在這裡。潛艇兩邊的射燈已經亮起，請大家望向左邊，剛巧有一隻又好奇又可愛的小飛象章魚游過。如果你夠幸運和觀察力強的話，更可能會發現深海新物種！

13:05 ; -6350m

現在時間是下午一點零五分，我們比預定時間早了十分鐘到達海平面 6000 米以下的超深淵帶。這景點是西北太平洋中最知名的區域，現時艙內溫度為攝氏 7 度，如閣下需要毛毯，請告知我們的艙務人員。

大家可以從腳下的超強化透明亞加力地板向下望，潛艇的正下方就是馬里亞納海溝（Mariana Trench），科學家利用聲納量度出這裡深度達 11 公里 (這距離比由上環步行到筲箕灣更加遠)。在 1960 年之前並沒有人來過這處漆黑又冰冷的海底。這裡的壓力極之巨大，是海平面的 1000 倍！但大家請放心，我們的潛艇絕對能夠承受這壓力，確保大家能安全無損地回到水面。

13:15 ; -6200m

潛艇現正將壓縮空氣注入壓載艙，準備隨時開始上浮。請返回你的座位並扣上安全帶。當「扣上安全帶燈號」熄滅後，歡迎各位到船艙兩端的吧檯，享用本航班精心為大家安排的自助下午茶。預計我們會在 3 小時 45 分鐘後回到水面，多謝各位留意。

16:55 ; 0m

各位女士、先生，這次的太平洋深度遊終於來到尾聲，潛艇現正接駁遊輪的吊臂，準備返回甲板，請繼續扣好安全帶，多謝合作。

我們期待再次與你潛入深海，窺探有趣的深海生物，掀開深海的神秘面紗。再會。

←編輯修正
八式廣告
預告漫畫
促銷漫畫
Karen博士21個海洋大探索
作：麥嘉慧　圖：文浩基
Dr. Karen媽媽的新書終於出版了！

《蟻仔阿Sir異界大冒險之神獸瑞獸小百科
作者：文浩
國際書號：978-988-74120-
蟻仔阿Sir
異界大冒險之神獸瑞獸小百科
我是伊貝
蟻仔阿Sir爸爸的繪本也好評發售中！

《David博士21個宇宙大探索
作者：余海峯・繪圖：文浩
國際書號：978-988-74120-
David博士21個宇宙大探索
我是Simba
也別忘了我Dr. David爸爸的暢銷大作啊！

汪汪汪！
嘈嘈嘈！
嚏嚏嚏！
等等，伊貝出場也算合理，但這本書跟你沒有關係吧？

有關係啊！我爸爸的作品跟你們媽媽的作品都是「筆求人兒童科普系列」的作品啊！

對吔！爸爸說在繪畫你們兩本書時也暗藏玄機。
作為系列作品的特色
Karen博士21個海洋大探索
David博士21個宇宙大探索
暗藏玄機？
嘿？

↑第二集的大王魷魚抓住了第一集的鯨魚

22 思考題：空想未來

全人類 be water

如果人類最終是要演化成為海洋生物的話，那麼我們的身體要作出甚麼改變去適應環境呢？

探索深海

如果潛水員要留在海底長時間工作，就像太空人長時間留在國際太空站那樣。你會為他們設計一個怎樣的深海科學基地呢？如何安排一切所需的物資？又如何確保他們的安全呢？歡迎畫一幅設計圖出來，並用 300 字內描述，然後 DM 我的IG@drkarenmak，你有機會獲得一份神秘禮物！

類似後記的漫畫

海洋很美，但人類不懂欣賞。

海洋很珍貴，但人類不懂珍惜。

或許，真的只能教育海洋的住民自保。

繪師・蟻仔阿Sir

2022年某月某日

Karen博士 21個海洋大探索

龜龜也懂的STEM自主學習

作者　　：麥嘉慧
繪圖　　：文浩基
出版人　：Nathan Wong
編輯　　：尼頓

出版　　：筆求人工作室有限公司 Seeker Publication Ltd.
地址　　：觀塘偉業街189號金寶工業大廈2樓A15室
電郵　　：penseekerhk@gmail.com
網址　　：www.seekerpublication.com

發行　　：泛華發行代理有限公司
地址　　：香港新界將軍澳工業邨駿昌街七號星島新聞集團大廈
查詢　　：gccd@singtaonewscorp.com

國際書號：ISBN 978-988-75975-6-8
出版日期：2022年6月
定價　　：港幣98元

PUBLISHED IN HONG KONG